湛庐 CHEERS

与最聪明的人共同进化

HERE COMES EVERYBODY

新核心素养系列
New Literacy

人人都该懂的地外生命

Life in the Universe A Beginner's Guide

[英]刘易斯·达特奈尔　著
Lewis Dartnell

郑永春　王乔琦　译

浙江教育出版社·杭州

地外生命可能的样子,你真的了解吗?

扫码鉴别正版图书
获取您的专属福利

- 按照伦敦大学学院太空生物学家刘易斯·达特奈尔的观点,火星是太阳系中唯一可能的地外生命栖息地吗?(　)
  A. 是
  B. 否

想要了解更多地外生命的常识吗?扫码获取全部测试题及答案。

- 天体生物学融合了生物学、化学、天体物理学和地质学等学科,是多学科研究中最热门的领域之一。这是真的吗?(　)
  A. 真
  B. 假

- 一个不从外部世界汲取能量的物体不能被称为生命。这是真的吗?(　)
  A. 真
  B. 假

LIFE IN THE UNIVERSE
前言

天体生物学，
一门冉冉升起的新学科

谢谢你选择了《人人都该懂的地外生命》这本书。本书讲述的是人类在宇宙中的位置，以及地外生命的探索前景，这也是"天体生物学"①的研究领域。本书既是一本科普书，适合任何对地外生命感兴趣的读者，也是一本入门教材，适用于刚开始接触天体生物学这门学科的本科生或者研究生。为方便读者深入了解这一领域，本书末尾列出了相关术语表。

在接下来的章节中，我们会探讨科学研

---

① 指研究天体上存在生命的条件以及探测天体上是否存在生命的科学。——编者注

究中最根本的一些问题：生命的本质是什么？地球生命是如何进化的？地球特殊在哪里，地球上出现生命是否纯属机缘巧合？除地球以外，太阳系或者银河系其他地方是否具有满足生命存在的条件？本书还会介绍地球上已知的最顽强的生命形式，细胞从一颗行星传递到另一颗行星上的条件，以及太空深处潜伏的危险。在飞出太阳系，远航至其他恒星系之前，我们将回顾40多亿年的地球历史，并探访太阳系中最可能存在生命的区域。

在写这本书的过程中，我主要碰到了三个问题。第一个问题令我既高兴又无奈。由于天体生物学是一门发展迅速的学科，经常会出现这种情况：新书油墨未干，书中的一些信息就已过时。例如，在我完成本书初稿时，研究人员又发现了一颗环绕主序星的类地行星，大小为地球的5倍。这颗行星的位置远离它所属的红矮星的生命宜居带，因此不可能形成生命。不过，它是迄今为止人们找到的与地球最相似的行星。在太阳系内，对于土星的卫星也有同样重要的发现，土卫二被证实非常活跃，其南极附近的蓝色"虎纹"区常常会喷涌出一缕缕水柱。天体生物学家曾长期忽视了这颗不起眼的卫星，直到不久前才意识到那些液态水喷口可能孕育着生命，因为地球上就存在类似的现象。地球上已有大量证据表明，即使温度低于零下20 ℃，某些耐寒细胞依然具有活力，这一温度曾被视为生命的低温极限。

第二个问题是，天体生物学这门新学科跨越了众多研究领域，这些领域有着各自的背景知识和专业术语。因此，我将尽最大努力客观地陈述这些内容，尽量避免使用专业术语或无关紧要的赘述。

前言

第三个问题是，天体生物学仍处于起步阶段，我们需要努力确保这门学科建立在坚实的科学基础之上。然而遗憾的是，迄今为止收集到的大部分数据的含义都不明确，许多关键领域的数据仍然很不完整，对这些数据的正确解释也充满争议。虽然我试图完整地展示这些争议的各个方面，但也不想让你们被相互矛盾的证据、推断和辩解搞得晕头转向。尽管我与许多领域的学术权威进行过讨论，严格检验过每一个事实，但仍有可能出现误导性的陈述或错误，对此我深感抱歉。

毋庸讳言，没有许多人的无私奉献，这本书不可能写成。我与他们在会议室的咖啡间、走廊以及楼梯上进行过无数次讨论，他们对我的初稿提出了许多意见，帮我核对每一个事实和理论，使其不断完善。这里需要特别感谢一些朋友，他们分别是：艾伦·艾尔沃德（Alan Aylward）、埃米莉·鲍德温（Emily Baldwin）、汤姆·贝尔（Tom Bell）、安德鲁·科茨（Andrew Coates）、伊恩·克劳福德（Ian Crawford）、克里斯·林托特（Chris Lintott）、尼古拉·麦克洛克林（Nicola McLoughlin）、约翰·帕内尔（John Parnell）、安德鲁·波米安科韦斯基（Andrew Pomiankowski）、戴维·沃尔萨姆（Dave Waltham）、约翰·沃德（John Ward）和朱利安·温彭尼（Julian Wimpenny）。诚挚感谢本书的插画师皮伦·苏辛德兰（Piran Sucindran）、责任编辑安·格兰德（Ann Grand）和他所在的图书出版公司的团队；我还要感谢玛莎·菲利翁（Marsha Filion）、凯特·史密斯（Kate Smith）和迈克·哈普莱（Mike Harpley）。

不过，我最想感谢的是那些并不清楚他们自身对我的影响有多重要的人们——我的朋友和家人。他们一直推动我完成这本书，尤其是我爷爷，当我还是个小男孩时，他给我买了人生中第一本科普书，向我展示了宇宙的各种奇迹。我对他们的感谢难以言表。

目录

引言　从地球生命到地外生命 / 001

微缩版地球生态系统　　　　　　　　　　　003
新兴的天体生物学　　　　　　　　　　　　008

01　生命究竟是什么 / 011

我们需要对生命进行精确定义　　　　　　　013
生命需要传递遗传指令　　　　　　　　　　014
生命必须从外界汲取能量　　　　　　　　　016
通过基因序列为生命绘制"家谱"　　　　　017
物质如何相互激发并形成生命　　　　　　　022
精妙的遗传指令传递　　　　　　　　　　　026
能量汲取的真相　　　　　　　　　　　　　028
为什么说地外生命与地球生命存在相似性　　038

02 极端环境中的生命 /047

影响细胞功能的三个重要因素 　050
地球上的"外星"世界 　057
泛种论 　067

03 一个适宜生命居住的宇宙如何形成 /073

生命诞生之初 　075
宇宙烹调 　079
一个宜居的世界如何形成 　082
地球上的碳循环 　084
失控的温室效应与冰川 　085
大小适宜的行星 　088
月　　球 　091
守护星——木星 　092
银河宜居带 　093
外太空杀手 　094

04 地球与地球生命的起源 /101

恒星及其行星的诞生历程 　103
月球引发的地球潮汐涌动 　106
大撞击带给地球的礼物 　108
姗姗来迟的生命 　110
相互独立的前生命系统 　113
生命起源是"先有鸡还是先有蛋" 　118
第一批细胞生命 　122

地球上最早的生命在哪里生存	124
光合作用与氧气革命	127
真核生物和多细胞生物的出现	130
寒武纪生命大爆发	132

05　最有可能发现地外生命的火星 / 137

火星上有没有液态水	141
液态水存在的直接证据	146
火星生命的进化过程	147
大气层丢失引发的环境崩溃	152
极端环境中有无幸存者	156

06　太阳系中其他可能有生命的星球 / 163

完全不适合生命居住的金星	167
游荡在太阳系宜居带之外的卫星	170
木卫二	173
土卫六	178

07　太阳系外可能有生命的行星 / 185

太阳系的邻居：类太阳恒星	187
耐人寻味的红矮星	189
捕猎行星的四种方法	192
热木星	195
下一代行星搜索望远镜的使命	201

远方行星的光芒	203
没有一种生命是一座孤岛	205
生命存在的标志	206
系外行星的面貌	209

08 复杂地外生命畅想 / 211

| 类地行星上的生命如何进化 | 213 |

结语　**寻找地外生命，我们才刚刚启程** / 223

术语表　229

LIFE IN THE UNIVERSE

A BEGINNER'S GUIDE

引言

从地球生命到地外生命

微缩版地球生态系统

在写《人人都该懂的地外生命》这本书时,我偶尔会抬头看看那个放在我桌上的"世界"。我指的并不是贴在墙上的卫星照片,也不是放在书架上的地球仪,而是一个拥有生命气息、欣欣向荣的系统,被密封在一个不超过 15 厘米宽的玻璃罐内,它就是微缩版的地球生态系统。这个生态系统完全与外界隔绝,自给自足,自我调节,且可以永续存在。它的设计理念非常简单,地球的 4 个主要组成部分,即岩石圈、水圈、大气圈和生物圈(岩石、水、空气和生命),在玻璃罐内都有呈现。所谓陆地就是玻璃罐底部的一把鹅卵石;所谓海洋就是罐子底部几厘米深的水面;所谓大气就是水面上方的空气。在温暖的日子里,水从水面蒸发,并凝结在玻璃罐顶部,再流回底部,完成水的循环。一群小虾、附在鹅卵石上或漂浮在水面上的绿藻和看不见的细菌分别代表动物、植物和细菌等生命形式,它们通通容纳在这个小小的世界中。除此之外,别无他物。生命必需的所有物质都在这个系统中不断循环。这个微缩版世界中的居民相互依赖,共生共荣。藻类是这一切繁荣的基础,是生命存在的决定性因素，因为它们利用太阳光制造了氧气和富含营养的糖类，这是虾和一些细菌生存所必需的。整个系统由光驱动，也就是由来自 1.5 亿千米之外的太阳内部的核聚变反应释放的能量来驱动。

除了观赏价值外，这个脆弱的小小世界还完美地诠释了对地球生命至关重要的许多核心因素。而且通过分析这些因素，我们可以推断出其他星球上存在有机体的可能性。关于人类起源的问题有：生命的进化经历了什么样的过程？哪些条件或原料是生命所必需的？哪些地方可能满足这些先决条件？这些问题正在形成一门新的学科——天体生物学。它是多学科研究中最热门的领域之一，主要研究恒星系统中的生命，融合了生物学、化学、天体物理学和地质学等学科。这种关于宇宙中生命的起源、进化、分布以及未来的多学科研究，有时也被称为宇宙生物学、外层空间生物学或者生物天文学。作为天体生物学的入门教材，《人人都该懂的地外生命》将会告诉我们该领域最激动人心的想法、最新的科学发现，以及有待解决的问题。在介绍这些重要思想时，我不时会回头看看桌上的那个小小世界——微缩版的生态系统。

在这个微缩版的生态系统中，有些东西具有生命。小虾活跃地游来游去，它们会吃掉藻类，然后成长发育，有时也会繁殖后代。如果我们将外部世界的生物放进这个玻璃罐内，水中的氧气浓度将会降低，而二氧化碳的含量将升高。如果太长时间缺乏氧气或营养物质，小虾将不再游动，甚至死亡。搁在玻璃罐底部的鹅卵石显然是没有生命的，它们不会动，不会对环境做出响应，也不会生长或者繁殖，只要水中的化学物质含量不变，它们就是完全惰性的。从这个角度，我们可以得出"小虾具有生命，而鹅卵石没有生命"的结论。这种识别方法很简单。但是，如果我们将机器人探测器发送到另一个陌生的世界去寻找生命，它需要观测哪些东西呢？我们如何才能知道应该去寻找何种生命迹象？哪些化学过程可能会揭示生命的活动？我们如何能确定，数十亿年来一直遵循着自己的进化过程、完全与地球隔绝的生命会跟地球生命一样呢？如果我们降落在其他星球上，应该如何识别生命？我们凭什么认为，地外生命也是碳基的，离不开水，而不是由与地球上完全不同的分子经过不同的生物化学反应构建起来的？这些问题的关键在于：生命究竟是什么？

微缩版的生态系统也展示了两种完全不同的生命类型。一些生物是自给自足型的，它们从环境中摄取原料和能量，维持自身的生长；另一些生物则需要消耗其他生物。藻类利用太阳光的能量，通过光合作用进行复杂的生物化学反应，实现生存和繁殖，因此，藻类是自给自足型的。而小虾和细菌则完全依赖于藻类提供的营养物质。地球生命起源的最大未知之谜是，地球历史上的第一个细胞是依靠消耗已经存在的有机分子为生，还是完全自给自足的。除了光合作用，地外生命还有可能利用哪些能源呢？难道光合作用是生命汲取能量最普遍的方式？光合作用释放的氧气在地球大气层中达到了较高含量，因此，我们可以通过检测氧气含量来证明遥远的行星上是否存在生命，因为我们现在已经能够在光年以外的距离上检测氧气的信号。释放氧气的光合作用的形成是地球历史上最深刻的变化之一。

我桌上的这个微缩版的生态系统是完全密封的,生命所需的所有原料都必须在系统内循环。小虾和藻类产生废产品——二氧化碳,而二氧化碳是藻类进行光合作用的原料。不过,我们肉眼看不到玻璃罐内的这种碳循环过程。小虾释放出的二氧化碳以气体的形式储存在大气中,之后会溶解到水中,由藻类通过光合作用吸收并合成有机物质,这些有机物质被用来构建藻类的细胞,而藻类会被小虾吃掉,小虾再释放出二氧化碳,实现生命物质的循环。这个小小的密闭生态圈反映了碳在真实的水圈、大气圈和生物圈中的循环过程。不过,微缩版的生态系统无法展示地球生态系统的其他重要方面,比如碳也可以被固定在岩石中,又如,火山爆发释放出二氧化碳前,碳也可以通过板块构造运动深入地球内部。怪石嶙峋的岩石圈构成了碳循环的关键环节。一些科学家认为,碳循环的流畅运行和板块构造运动对维持地球生物圈的长期稳定至关重要。地球上的每一个有机体不仅通过食物链与其他生命建立了不可分割的联系,而且通过参与岩石圈、水圈、大气圈和生物圈的循环成为地球的组成部分。

就像地球与太空被大气层隔开那样,玻璃罐内持续循环的生态圈是一个封闭系统。从物理层面来说,这个系统确实是封闭的,但它所需的能量必须依赖来自外部的阳光。只要能稳定地接收到阳光,生物圈就能无限期地运行下去,就像水车可以在河水的驱动下一直转动一样。不过很显然,这个微缩版的生态系统不可能永远运行下去,因为它对外部的干扰非常敏感,任何破坏平衡的干扰都有可能导致其"崩溃"。如果玻璃罐整天都晒太阳,由于完全封闭的玻璃墙导致的温室效应,水温可能会升高过多,进而导致小虾死亡。而如果黑暗持续得太久，依靠光合作用生存的藻类就会死亡。我们的星球也面临着完全相同的危险：一直增亮的太阳最终会使海洋蒸发，地球表面的一切生命都将被阳光清除。此外，地层中的化石记录表明，曾有一段时间，太阳光被遍布全球的厚厚冰层挡住，导致地球上的光合作用长时间停滞。对于玻璃罐内的生态系统而言，如果藻类死亡，罐内氧气和食物的唯一来源将不复存在，小虾会立即死亡。随着藻类和小虾的死亡，无数悬浮在水中或者附着在鹅卵石上的细菌也将时日无多。虽然高等生物体死亡后的复杂有机分子能使细菌在有限的时间内继续生长和分裂，但随着微缩版生态系统的崩溃，细菌这种最后的生物也将被"饿死"。从化学的角度来说，整个系统中的可用能源将彻底耗尽，并衰竭成另一种稳定、毫无生命的平衡系统。随着细菌细胞复杂结构的分崩离析，曾经生机勃勃的动态生态系统将变为惰性的、由基础有机物组成的液态物质。从某种意义上来说，"生命"无非是一种能够自我维持的实体，复杂到足以利用现有能量来维持自身的复杂性，并最终实现自我复制和繁衍。

微缩版的生态系统展现了类地行星的运转模式，也拥有含氧大气层、大面积的液态水海洋。不过，地球早期的运转模式与此截然不同。原始的、地狱般的地球是如何演变成我们现在称为家园的凉爽而又湿润的状态的呢？不同形式的地球生命都需要什么样的生存条件呢？我们应该看看那些生存在极端环境中的生命，比如生长于沸腾的酸溶液或者被冰层包裹的饱和盐水中的那些细胞。在微缩版的生态系统中，所有生命的命运都取决于捕捉光的藻类，在后面的章节中，我们还会探讨生活在黑暗的海洋深处的整个细菌部落，这些细菌以岩石为食，完全不需要太阳的能量。太阳系的某个适宜的地方是否也生存着类似的细胞呢？我们将会探访火星锈红色表面之下的地下含水层、金星大气的高处云层以及木卫二的冰封海洋，我们还将在太阳系可能存在生命的重点区域巡视考察。环绕在其他恒星周围的遥远世界是什么样的呢？天文学家正在以惊人的速度发现新的行星，那么哪些行星最有可能是宜居的呢？什么是红矮星？光合生物能否在红矮星的暗淡星光下生存？细胞能暴露在外太空生存吗？生命能否在太阳系内的不同行星，甚至不同恒星系统之间传输，就像病毒传播一样在星系间蔓延呢？

新兴的天体生物学

  天体生物学领域的研究范围极其广阔。它不仅研究地球上的极端有机体，也探究地球生命的起源，以及哪些过程和环境条件可能是生命所必需的；它不仅探寻太阳系和其他星系上可能存在的生命，还会通过科学实验来模拟生命起源前的化学过程，或者探索地球生命发展出来的特殊系统的替代物。此外，它还开展探测生命的实验和研发科学仪器，然后将它们搭载在穿越太阳系的空间探测器上。我本人主要研究火星生命均需耐受的辐射剂量。

  天体生物学是一门交叉学科，所涵盖的知识领域在一定程度上很难被界定。这门学科的一些知识是预测性的，或是基于不完整的数据资料得出的，这是刚刚起步的学科所具有的共同特征。一些人批评天体生物学是一门目前尚未证实其研究对象的学科，因为迄今

引 言　从地球生命到地外生命

为止，我们还没有发现任何地外生命。这是不可否认的事实，但天体生物学的目标并不是寻找像尼斯湖水怪①那样的神秘野兽。就像其他学科一样，虽然天体生物学的假设是推测性的，但我们可以通过开展科学实验，借助实验数据分析和改进实验设计，来逐步完善相关理论。

天体生物学的形成并不是为了解释某个特定的科学发现，就像微生物学科的兴起不是为了解释人类第一台显微镜所看到的现象一样。天体生物学是基于其他成熟的学科逐渐发展起来的，它虽然没有开始形成的确切时间，但在过去 50 年间已聚集力量，并逐渐被接受。因为生物学和空间探索的发现表明，地外生命可能真的存在。

我将从最根本的问题开始我的故事：生命究竟是什么？

---

① 尼斯湖位于英国苏格兰北部，早在 1500 多年前，英国就开始流传湖中藏有巨大的水怪，常常出来吞食人畜。这个故事是地球上最神秘也最吸引人的谜团之一。——编者注

LIFE IN THE UNIVERSE

A BEGINNER'S GUIDE

01
生命究竟是什么

我们需要对生命进行精确定义

生命是什么？几个世纪以来，这个看似简单的问题一直困扰着生物学家、哲学家和神学家。辨别一个物体是否具有生命非常容易，甚至都不需要思考。美洲虎、橡树和蘑菇显然都具有生命，一眼便知。不过，有一些生命只有在不同的时间和规模尺度上才能被辨别出来。只要我们观察足够长的一段时间，就会发现，覆盖在破石墙上的油亮青苔也在生长和繁殖。如果对青苔周遭的空气做个化学测验便会发现，青苔确实在进行光合作用。如果我们在显微镜下放大50倍观察便会发现，就连池塘里的一滴水中也充斥着各种微生物。不过，岩石、火焰以及云彩显然不是生物。然而，单纯提供一份生物清单并不意味着你能对"生命"的特征做出简洁定义。在学校里，老师经常教授低年级的学生，生命由7大特征定义：会进食，会排泄，会移动，会生长，会繁衍，会对所处环境的变化做出回应，会保持恒定的内部状态。①

某些非生物体也能满足这 7 大特征中的某几条。火焰会生长和扩散，可以靠着能量自我维持，也可以通过氧化反应（这与细胞内部发生的氧化反应并无不同）消耗燃料并排出产生的废料；晶体内部原子的有序排列模式也可以自我复制。然而，有些生物并不具备以上所有特征，比如骡子就没有生育能力，也无法繁衍后代；虽然骡子身上的每个细胞都是活的，但这种动物并不符合由 7 大特征定义的生命。因此，对于生命，我们需要一种更加精确的定义。

生命需要传递遗传指令

有一种定义生命的方式被称为"达尔文定义"（Darwinian definition）。

第一，达尔文定义要求生物必须能够进行自我描述。也就是说，生物必须提供能够重建自我的"操作手册"或者一整套指令。这就将晶体排除在了生物大门之外，因为它们无法提供真正的自描述。晶体之所以能够生长，只是因为它们的结构将自由单元组织到了现有模式之中。

---

① 也有教材定义的生物 7 大特征为：（1）生物体具有严整的结构；（2）生物体能进行新陈代谢；（3）生物体能生长；（4）生物体具有应激性；（5）生物体能生殖和发育；（6）生物体具有遗传和变异的特征；（7）生物体能在一定程度上适应环境并影响环境。——编者注

第二，达尔文定义还要求生物个体必须能够自己执行自我描述指令，从而实现自我复制。这就将病毒排除在了生物大门之外，因为它们是通过"劫持"宿主细胞的分子机制实现繁殖的。地球上的所有生命都有自己的操作手册，这本手册的内容就是 DNA 或 RNA 分子内的一套基因。大量蛋白质会转译并执行基因中的指令信息。因此，这种定义生命的方式也被称为基因定义（genetic definition）。

第三，达尔文定义要求生物的生命运作系统必须能够在自然选择下进化。这其中包含了一条隐性信息，那就是生物复制遗传信息的方式不能太准确，因为这样才能在遗传过程中引入错误和突变，在大量复制因子中创造随机变异，保证生物在面临环境压力时，仍有一些个体能够存活下来并繁衍后代。这就是达尔文提出的进化机制：随着时间的推移，复制因子会越来越适应所处的环境。这个过程训练出了第一批复制分子，使其能够复制、生长、进化，并最终在 40 亿年后诞生一个能够意识到这个进化过程的物种——人类。人们常说，人体只不过是一个精巧的有机机器人，它的设计目的只有一个：帮助人类复制自己的 DNA。

达尔文定义规定，生命只需要拥有一个能将遗传指令传递给下一代的信息存储和转移系统就可以了。定义生命的依据是它们做了什么，而不是由什么组成。这种定义的限制要比其他定义少得多，而且囊括了一些"非生物"生命，蓬勃发展的人工智能就是其中之一。人工智能已经被植入了许多系统，有些具有复制功能的计算机程序取代了有机聚合物，硬盘取代了"原始汤"，而突变、竞争、死亡以及进化的过程都与普通生物没有区别，只是支撑媒介不同而已。

生命必须从外界汲取能量

除了从信息传递的角度定义生命，还有一种从能量失衡的角度定义生命的方式。这种定义是指，生物系统为了能够维持自身的生存，必须从外界汲取能量。这就意味着，一个能够自我复制的生物系统一定极其复杂，而复杂组织出现的概率又非常低——排列原子云要比将原子组织成正常工作的细胞的方法多得多。宇宙中的一切都会自发地从较为有序的状态转变成无序的状态。用专业术语来说就是，系统会从低熵有序态出发，达到一种熵更大的平衡态。而生命始终在与这种"分崩离析"的过程做斗争，使自己远离平衡态，斗争的方式就是汲取能量。

若想维持有序态就得不断做功，若想做功就得汲取能量，而能量可以从某些系统的退化过程中汲取。例如，处于有序状态的原木在发生剧烈的氧化反应（燃烧）时会释放出热量，被降解成灰烬和热气。实际上，生命的存在允许某个系统的有序程度下降，其目的是让另一个系统的有序程度上升。从本质上来说，树桩上长出的那些霉菌汲取能量的过程与火焰并没有什么不同，只是霉菌采取了一种受控程度更高的方式。生命需要源源不断的能量流，并且只有在存在外部能量梯度的环境下才能生存下去。在本章的后续内容中，我们将会看到地球生命从各自的生活环境中汲取能量的各种方式。

当前的地球生命完美地展现了汲取能量这种行为模式。地球生命的第一大特征是，它们的自描述已经相当完整，并且拥有一套精密的化学反应网络。这些化学反应会释放能量，并利用产生的能量构建有用的分子以维持自身的复杂性。地球生命的第二大特征是，控制代谢网络的是一大批蛋白质，它们还会提供能够执行 DNA 所含指令的机制，并为下一代将这些指令复制下来。地球生命的第三大特征是，它们都生存在一个封闭的空间内。所有地球生命的基本单元都是细胞，而细胞则为一片薄膜所束缚。这种薄膜从物理上将细胞与外部隔离开来，以防止细胞中的各个成分互相分离，而生命也因此得以控制自身内部环境、摄取和储存营养物质、排出废物以及创造化学梯度以产生能量。起初，信息储存和代谢反应是两个独立的过程。在第 4 章，我们将会探讨这两个关键功能是如何整合到一起，并进化成第一个细胞的。不过，我们首先需要弄明白一个问题：细胞究竟是什么？

通过基因序列为生命绘制"家谱"

传统观点认为，从本质上来说，地球上只存在两种不同的生命形式。

动物细胞、植物细胞以及真菌细胞都能将自己的 DNA 储存在细胞核内，因此被称为真核生物。

细菌的生命形式则与此不同，它们更加古老，而且没有细胞核,因此被称为"原核生物"(即没有进化出细胞核)。

原核生物的 DNA 扭结成一个闭环,在细胞内的细胞质中自由浮动。真核生物的 DNA 稳定在细胞核内的染色体中,这一进化让生命获得了更大的信息容量——真核生物的基因组要比细菌大 1 万倍。

不过,以上所述并不是这两种细胞的唯一区别。除了细胞核之外,真核细胞的内部被进一步细分成了许多功能不同的细胞器。比如细胞的"能源室"——线粒体,它会进行许多反应,从食物分子中汲取能量用于生产储能分子三磷酸腺苷(ATP);再比如存在于藻类和植物细胞中的叶绿体,它是进行光合作用的场所。相比于原核细胞,真核细胞中蛋白质的合成过程要复杂得多。虽然真核细胞中生产蛋白质的核糖体与原核细胞中的核糖体颇为相似,但前者集中在一层特殊的膜上,这层膜会从细胞核中鼓胀出来。刚生成的蛋白质会从核糖体内转移到一系列细胞器中,在那里进一步接受加工处理,最终变为成品。

图 1-1 展示了典型真核动物细胞的简易示意图。植物细胞除了包含图中特别标注的细胞器外,还包括一层起保护和支撑作用的厚细胞壁、一个位于细胞中央起储存作用的液泡,以及一大批进行光合作用的叶绿体。

此外,真核细胞的支撑系统和运输网络也要比原核细胞的更先进,它们有粗壮的蛋白链来强化外部细胞膜,或者形成可以拖曳其他蛋白质乃至整个细胞器的蛋白质长杆。这些蛋白质丝使得真核细胞的细胞分裂过程比原核细胞的精细得多。这些先进的支撑系统和运输网络还让真核细胞拥有了对自身外膜的超强控制力，使自己可以通过外膜在各种表面上爬行或者捕食较小细胞，吞噬并消化它们。

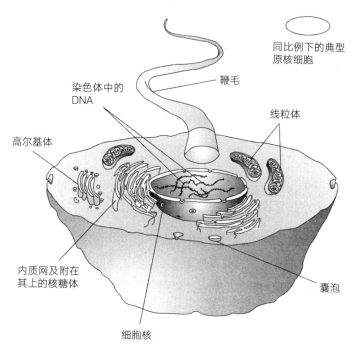

图 1-1　典型动物细胞的剖面示意图

注：这类复杂细胞的决定性特征是细胞核内的染色体中的 DNA，不过其他构造上的进化也很重要，包括线粒体和高尔基体这类细胞器。

真核细胞的最后一项能力被认为是一项极其重要的突破，因为它解释了细胞是如何获取线粒体和叶绿体的。按照目前的观点，这两种细胞器原本是相互独立的细菌。大量证据表明：线粒体和叶绿体具有许多细菌才有的特性，比如环状 DNA 链以及对抗生素的高度敏感性，而且它们都不是由宿主细胞创造的，而是自行繁殖的。有一种观点认为，线粒体和叶绿体被早期真核细胞吞噬了，但并没有被分解。随着时间的推移和进化程度的加深，它们与宿主细胞之间的联系变得非常紧密，最终难以分开。真核细胞完全依赖于线粒体提供的能量（对于进行光合作用的真核细胞来说，提供能量的则是叶绿体）。作为回报，线粒体和叶绿体会得到宿主细胞提供的养分和保护。这种紧密的合作关系被称为"共生"，而当其中一种有机体生活在另一种有机体的内部时，这种关系则被称为"内共生"。

由于真核细胞要容纳这些内部结构，所以它们通常比原核细胞大得多。实际上，生活在人体表面和内部的原核细胞总数比真核细胞至少多 10 倍。因此，与其说你是一个人，不如说你是一大堆细菌。最小的细菌和最大的真核细胞之间的差异巨大。有些纳米级别的细菌直径虽然只有 0.4 微米，却能容纳生命所必需的所有分子结构。目前已知的最大的细胞是一种拳头大小的真核生物，它们就是生活在深海的巨型阿米巴原虫，这种生物会利用海底沉积物为自己建造一个具有保护作用的"屋子"。相比之下，最大的细菌也不过半毫米大，我们裸眼勉强能看见，不过这在微生物界已经算是庞然大物了。

认为地球上只有两种生命形式（有细胞核的细胞和没有细胞核

的细胞）的观点一直占据主流地位。不过，近些年来，它的地位开始动摇了。哺乳动物的进化史可以通过它们的特征，例如骨骼特征被还原出来，这些信息可以通过化石记录来追溯，但相似的技术无法还原单个细胞的细微特征。20世纪80年代初，人们开始使用一种基于特定基因序列的新技术为地球上的所有生命绘制家谱。而这种特定基因编码核糖体上的一个小亚基，这个小亚基会参与将DNA密码转译成蛋白质的过程。这个过程是生命活动的基础，而且从本质上来说，无论是哪种生物，它们体内核糖体中的部分基因是完全相同的。这样一来，我们就可以利用不同基因之间的序列变化来计算生物的亲缘关系。最终的研究结果令人震惊。正如我们预料的那样，真核生物，也就是细胞中含有细胞核的生物聚集在生命之树的一根大树枝上。同样令人震惊的是，原核生物并非是单一的门类，还可以细分为两大类：细菌和古菌（archaea）。人体细胞和令我们胃部不适的细菌之间的基因差异，与细菌和生活在温泉中的古菌之间的基因差异一样大。这棵生命之树的根部，也就是这三大门类交汇的中心，也同样富有深意。它告诉我们，哪些活细胞最接近地球生命的祖先，这些细胞可能是地球上所有生命的源头。我将会在第4章再详细介绍这部分内容。

真正的生命之树远比我们平常描绘的杂乱得多。不同细胞之间常常会交换基因，在进化发生的最初阶段，这种情况发生的频率更高。这就大大增加了研究物种之间的联系的难度。此外，真核生物的进化还涉及大规模引入整个细菌以形成线粒体和叶绿体的过程。我们现在还无法确定第一个宿主细胞究竟是细菌还是古菌，不过大量基因研究表明，真核生物所含有的类细菌物质远比古菌多。真核生物在细菌与古菌这两大门类之间架起了一座桥梁，让生命之树变得更像"生命之环"了。

物质如何相互激发并形成生命

我们可以这样总结，细胞就是一个"被细胞膜包裹着的化学反应器和信息储存系统"。不过，物质究竟是如何相互激发并形成生命的呢？又是哪些分子让生命拥有这些神奇能力的呢？细胞的三大主要组成部分是细胞膜、遗传系统和新陈代谢系统。

细胞膜由一层分子构成，这些分子的"头部"易溶于水，而脂质性的"尾部"则难溶于水。这些分子阵列会自动排列，使脂质性的尾部远离水，这样就形成了一种双层膜结构，尾部在两层膜之间头碰头地排列在一起。

新陈代谢则是化学反应网络的总称。这种网络非常复杂，化学反应会转换细胞内的化学物质。人们认为，许多有机小分子（对化学家来说，"有机"一词只表明这些分子中含有碳原子）早在地球诞生初期就通过非生物化学反应过程自然产生了，在后续发展和扩张的过程中才并入了新陈代谢系统。随着时间的推移，生命开始发明各种能够实现自身功能的新型大分子。比如，糖亚基的长链结构

（如淀粉）就是一种储存能量和碳的有效方式；其他高分子糖类则会为生命提供硬性支持：甲壳质构成了节肢动物（如昆虫和螃蟹）的坚硬外骨架，而细菌则被一面由氨基糖聚合物构成的墙体保护起来。棉衬衫、木质书架和书籍所用的纸张的主要成分都是纤维素纤维（一种以葡萄糖为单元构成的植物聚合物）。不过，细胞能拥有如此多样的结构与功能，得归功于蛋白质。蛋白质无处不在，它可以支撑细胞结构、运输有益的化学物质、发送信号，当它们以酶的形式存在时还可以加速代谢过程。蛋白质的基本组成单位是氨基酸，后者是一种既带有酸性又带有碱性末端的小分子，除了一小部分例外，地球上几乎所有的蛋白质都由20种氨基酸构成。侧基的不同会使不同氨基酸的性质出现了细微差异。有些侧基极易溶于水，而一些则难溶于水，这致使氨基酸的可溶性也出现了差异。蛋白质若要溶解于水，它的长链就必须卷曲成一种特殊的三维结构，通过侧基间的化学键结合在一起，将难溶于水的氨基酸包裹在内部。最终形成的这种结构具有特异性，能够识别并与其他蛋白质、DNA、RNA和代谢反应物结合。酶是蛋白质的一种，是专门为催化反应（这个过程能大大加快化学反应的速度）而生的特定工具。一种酶只能引起化合物的一类变化：它或是附着在磷酸基上，或是移除某个羟基单位，或是打破化学键，将碳链一分为二。整个代谢反应过程会有大量不同种类的酶参与，它们会将某个分子逐步地转变成另一个分子。

蛋白质的稳定性是生物学的一大关键问题。当受热后，蛋白质的氨基酸链就会振动，在高温状态下，这种振动强烈到足以折断侧基之间的化学键，导致对于蛋白质至关重要的立体构型开始解散。

如果这个过程中有水渗透进来，那么整个蛋白质的结构就会崩溃，蛋白质会从溶液中析出。这个过程叫作"变性"（denaturing），在煎鸡蛋时你就能看到这种现象，也就是蛋清逐渐固化、变白的过程。改变蛋白质周围的电荷也能使整个蛋白质变性，比如将蛋白质放到盐度或酸度极高的环境中（用柠檬汁腌制生鱼应用的就是这个原理）。在第2章，我们将会探讨在沸腾的热泉喷口、饱和的盐水溶液以及高酸性的水域等极端环境中生长繁殖的生物，以及它们由此进化出的生存策略。

细胞利用的分子的另一个重要特征是"手性"（chirality），类似于左右手无法完全重合的特征。分子的所有非对称构型都具有手性。读者若想自行验证这种特征，只要暂时放下本书，伸出双手，手掌朝上即可。从本质上来说，虽然双手的形状一模一样，但它们永远无法完全重合在一起。虽然左右手互为镜像，但无论你如何转动或者翻转右手，它都不可能完全变成左手的样子。这个特征也同样适用于细胞内的大多数分子，它们都具有特定的手性。同种分子的两个镜像版本又称"对映异构体"（enantiomer），它俩之间的区别就和左右手的区别一样。

有趣的是，地球上所有生命体内部都只具有一种对映异构体。所有通过生物方式产生的氨基酸都是左手性的（如图1-2所示），而所有糖类都是右手性的。不过，实验室中为模拟生命出现之前的地球早期化学环境而生产的分子混合了两种对映异构体。地球生命偏爱一种对映异构体这一现象倒是不难理解，因为参与代谢过程的酶已经特化到了只有当目标分子手性正确时它才能正常工作的程度,如果每种酶都有左右手性两个版本,那肯定是一种巨大的浪费,因此,生命选择了其中一种。然而,真正的谜团在于,最开始的时候,究竟是什么因素促使生命选择了其中一种对映异构体,而不是另一种。

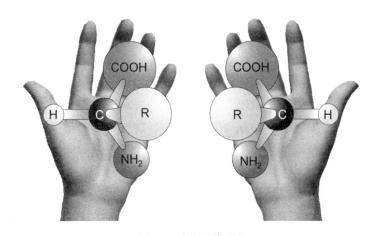

图 1-2 氨基酸的手性

注:地球上的生命只使用左手性的氨基酸。图中的"R"代表侧基,总共有 20 种,代表了构成天然蛋白质的 20 种氨基酸。

天体生物学家发现,有一种对映异构体占据了优势地位。也许,这是地外生命的一个显著生物学特征。因此,科学家为火星探测器设计了一种设备,它能够检测任何可能的有机分子的手性。

生命必须具备的两大最基本的功能是:第一,必须拥有能够编码的运作方式;第二,必须拥有从周遭环境中汲取能量的能力。

这两项基本功能是如何执行的呢？

储存、转译和复制遗传信息的生命运作机制非常普遍，因此，我就从这种机制开始讲述。

精妙的遗传指令传递

细胞的运作方式被编码在 DNA 分子中。DNA 是一种聚合物，是一长串结合在一起的核苷酸亚基。每种核苷酸都由三部分组成：糖、碱基和磷酸基。DNA 中的糖是脱氧核糖，呈五边形：4 个碳原子和 1 个氧原子连成了一个五边形的环。碱基共有 4 种：腺嘌呤、鸟嘌呤、胸腺嘧啶和胞嘧啶（缩写分别为 A、G、T、C），每种碱基都有一个由氮原子和碳原子构成的骨架。它们就是构成遗传密码的代表字母。

糖分子通过磷酸基结合在一起，形成了 DNA 聚合物的骨架，而碱基则向外伸出。如果两条 DNA 链上的碱基序列能够互相配对，那么它们就会结合到一起：A 总是和 T 配对，而 G 总是和 C 配对。这就构成了著名的 DNA 双螺旋结构：两条 DNA 链通过碱基互相扭结在一起，就像一把扭曲的梯子的梯级一样。这种优雅的结构是信息存储能力和繁殖能力的关键。

基因碱基序列确定了构建蛋白质的方式，而 DNA 的梯级结构则意味着它自己就是可供复制的模板。三大类细胞的遗传密码模式都相同，这就意味着 DNA 这种编码遗传信息结构的出现一定早于细胞分化成三大类的时间。这就是我们目前拥有的"所有地球生命都源于同一个起点"的最有力证据。

若想在细胞分裂期间复制遗传信息，就必须有一个协调合作的"酶团队"。在这个过程中，有些酶负责强行将两条 DNA 链分开，并且解开纠缠在一起的双螺旋结构，有些酶负责将多余的核苷酸连接到碱基上，还有一些酶则负责将这些核苷酸结合到一起，形成两条全新的完整 DNA 链。

在构建某种特定蛋白质的过程中，类似的流程会产生一份临时副本，DNA 双螺旋结构也以上述的方式解旋，但只是沿着合适的基因进行，而且后者并不是通过碱基配对而组装在一起的 DNA 序列，而是 RNA（核糖核酸）序列。RNA 和 DNA 几乎一模一样，只不过 RNA 的五边形糖环外多连了一个氧原子，并且 RNA 的碱基中没有胸腺嘧啶，却有 DNA 没有的尿嘧啶（缩写为 U）。就这样，DNA 中储存的遗传信息就转录到了核糖体上的信使 RNA 分子（mRNA）中。实际上，核糖体的一部分就是由 RNA 构成的，它负责执行一项非常重要的细胞工作——将 RNA 中的密码转译成蛋白质。信使 RNA 分子中的密码的基本单元由三个碱基构成，被称为"三碱基密码子"，每组三碱基密码子指定了一种氨基酸。多余的氨基酸则会附着在带有合适三碱基密码子的转运 RNA 分子（tRNA）上。核糖体会阅读信使 RNA 分子中的信息，通过转运 RNA 分子上的标签识别氨基酸，并将它们一个一个地连接到一起，这样便构建出了特定的蛋白质。然后，这些蛋白质会折叠成特有的三维构型，并通过不同氨基酸之间的化学键结合在一起。

综上所述，DNA 中储存着如何制造细胞各部分的信息，而蛋白质则会在每次细胞分裂时复制这种信息。DNA 自身无法产生蛋白质，而 RNA 就是这一过程的中介，它将 DNA 中储存的信息传递到了负责生产蛋白质的场所中。DNA、RNA 和蛋白质之间的这种相互作用非常重要，我们将在第 4 章再做深入探讨。实际上，蛋白质在细胞的运作机制中还具有一个重要作用，那就是生产有用的能量。

能量汲取的真相

真菌从树桩中汲取能量的方式是：氧化构成树木的复杂分子。化学过程中的氧化反应并不仅涉及向分子中加入氧气或除去氢，它还指从分子中剥离电子。而还原是指氧化的逆向反应，也就是分子得到了额外的电子。这两种反应总是成对出现：电子从某个分子（也就是还原剂或者燃料）里跑出来，跑到另一个分子（也就是氧化剂）上。这种氧化还原的过程常常被简称为"氧还"。

人体中所有细胞（实际上应该是几乎所有的真核细胞）汲取能量的方式都是相同的，也就是打破碳水化合物分子（比如葡萄糖），然后将其氧化，产生水和二氧化碳。人类之所以需要吸入氧气，就是因为体内的细胞会利用氧分子作为电子的最终受体：电子会从碳水化合物中被剥离出来，然后沿着一条中间分子链不断传递以执行细胞工作，最终供给氧原子产生水。这个过程叫作

"呼吸作用",发生在人体细胞中的线粒体内。

呼吸作用

化学物质的氧化性由它的氧化还原电势（redox potential）来衡量。强氧化剂的氧化还原电势为很高的正值，比如氧气；而强还原剂的氧化还原电势则为很低的负值，比如葡萄糖。某个反应究竟能产生多少能量取决于氧化剂与还原剂之间的氧化还原电势差。电池的工作原理和这个过程一模一样：负极连接到还原剂上，而正极则连接到氧化剂上。当用导线将两极连接起来后，氧化还原反应就启动了，这样就产生了可被利用的电流。

正如图 1-3 所示，如果葡萄糖完全被氧化，便会产生过多能量，因此，细胞必须逐步、缓慢地分解分子，以保证每次只释放一小部分能量。

葡萄糖这种由 6 个碳原子结成的环状物质会转变成拥有 2 个碳原子的分子。在这个过程中，就会产生负责储存能量的分子（比如三磷酸腺苷），同时，一些电子会被电子载体分子捕获。接下来，这种含有 2 个碳原子的化合物就会参与所有真核细胞都具有的庞大循环反应链，也就是三羧酸循环（又称克雷布斯循环）。最开始的时候，这种两碳化合物会加入四碳化合物，而后者会被稳定地氧化，在这儿释放电子，在那儿产生三磷酸腺苷，然后又在这儿丢掉一个碳原子。这个过程会一直持续到最初的四碳化合物再生为止，然后整个循环过程再度开启。

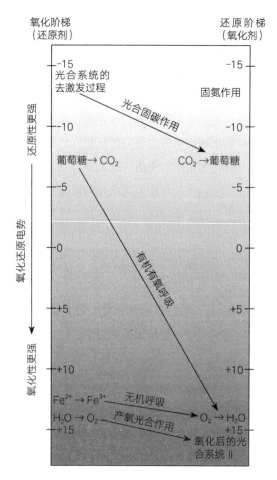

图 1-3 氧化还原反应对照梯级图

注：生命只能从"向下"进行的反应中汲取能量，比如葡萄糖或 Fe^{2+} 与氧的反应。如果要驱动"向上"进行的反应，就必须往这个系统里注入能量，比如往葡萄糖里加入碳原子（比如光合作用中的光能）和固氮。以分解水的方式释放氧气需要强大的氧化能力，而这正是蓝藻和线粒体的光合系统Ⅱ所提供的。

克雷布斯循环可以无限地进行下去，并且在循环过程中产生大量电子。这些充满活力的自由电子中的一部分会用于驱动复杂还原分子的生成，并提升后者所在系统的有序程度，而大部分电子都被运送到一个非常精巧的机制中生产三磷酸腺苷了。电子会被载体分子送到线粒体的内壁上，然后在一段较长的电子传递链的起始段堆积起来。一旦踏上了这根传递链，电子就会在一连串氧化还原反应中被从一个组分传递到另一个组分。在这个过程中，质子（氢原子剥离电子后的产物）会通过很多个步骤被推到线粒体膜之外，从而产生一种质子电化学梯度。随着反应的深入，电子所到组分的能量态会一点一点地降低，直到将电子扔给终极电子受体（在人类细胞中就是氧）为止。

克雷布斯循环开始后不久，线粒体膜外就会出现高浓度质子。这表明，细胞已经有效地将葡萄糖中的能量转化成了一种电化学梯度，就像发电厂将水抽到高处的水库里以储存能量一样。而此时，整个线粒体膜上分布着一些特殊酶，它们就是三磷酸腺苷合成酶。这些酶会让线粒体膜外的质子顺着化学梯度差回流进来，然后利用它们的能量促进三磷酸腺苷的生产，这个原理就像水坝的水流推动涡轮机一样。利用这种电子传递链，克雷布斯循环为真核细胞提供了 3/4 的能量。经过计算，葡萄糖有氧呼吸（依靠氧进行）的产能总效率大约为 40%，与燃煤发电厂的效率相当。完整的氧化过程还包括氧在电子传递链的末端接收电子。如果没有这一步，电子载体分子就无法更新，克雷布斯循环就会慢慢停止。一些真核细胞和许多细菌都会在发酵的过程中进行厌氧呼吸，这个过程大概会释放 10% 的能量。在发酵过程中，碳水化合物被部分氧化，达到进入克雷布斯循环的条件，接着又转化成废料（比如啤酒酵母就会在这个过程中产生酒精），并被排出细胞。

无机能量

如果说真核生物的特点在于它们的遗传控制和协调能力，将数万亿细胞组织起来构建成人体这样的复杂结构，那么原核生物的特点就是它们的代谢方式的多样性。一般来说，真核生物只能以那些能够直接进入克雷布斯循环的食物为食。然而，细菌和古菌堪称化学"奇才"，几乎所有你能想象得到的东西都可以成为它们的食物来源。

从原则上来说，任何氧化反应都会产生能够用来驱动细胞代谢的电子。比如亚铁离子 Fe^{2+}，这种电荷数为 +2 的离子（离子是原子或分子因电子数不平衡而带上了电荷的产物）可以氧化成电荷数为 +3 的铁离子，并且释放出一个电子：$Fe^{2+} \rightarrow Fe^{3+} + e^-$。

亚铁离子呈绿色，当它失去一个电子变为铁离子（Fe^{3+}）后，就转为红棕色，也就是铁锈、火星岩石和人类血液的那种独特颜色。如果我们有氧化还原电势比亚铁离子更高的物质，并用它来充当终极电子受体，那么整个反应就会像生物电池那样运作，电子流沿着传递链不断转移，产生三磷酸腺苷，并为细胞的活动提供能量。在所有细胞的生物化学过程中，电子载体和电子传递链都占据着基础性的地位，这表明最初那个代谢机制的基础很可能是由它们奠定的。图 1-3 展示了一些可能的氧化还原电对。某些原核生物将氧作为终极电子受体,被称为"需氧菌"(aerobe)。然而,许多原核生物并不会这么做,甚至可能会被氧这种强氧化剂毁灭,因此被称为"厌氧菌"(anaerobe)。

一些原核生物"雇用"重金属离子(天体物理学家将重于氦的元素都称为金属,比如砷)作为终极电子受体,这类离子对其他细胞是有害的。有些细菌甚至通过还原铀离子来执行代谢功能。原始生命可能会间接地利用核能来驱动自身的生化反应,因为在地球早期,铀、钍、钾的放射性同位素的丰度要比现在高得多。这些不稳定的原子会在衰变时释放辐射,给周围的分子提供大量能量。因此,这些分子就开始一起发生反应。部分科学家认为,大量还原有机分子就是通过这种方式产生的,并且进入了岩石生命的代谢系统。这类细胞可以从核反应中有效地汲取能量。

因此,许多原核生物都可以从无机反应中获取代谢所需的能量,而无须分解葡萄糖这样的复杂有机分子。有些原核生物甚至不需要有机分子作为其细胞组成部分(氨基酸、糖类、碱基等)的碳来源,它们完全可以自给自足,并且可以从零开始构建自己所需的一切,将二氧化碳这样的基本化合物转变成所需的生物分子。

综上所述,生物可以根据两个因素来分类,也就是它们对能量和碳来源的需求,如表1-1所示。

表 1-1　碳和能量的来源

碳来源	
有机体	异养的
二氧化碳	自养的
能量来源	
有机电子供体	有机的
无机电子供体	无机的/化学的
太阳光	光合的

注：表 1-1 中还展示了第三种能量来源。光合自养生物利用太阳光的能量来驱动自己的代谢机制，并且会把二氧化碳固定到碳水化合物中。这个被称为"光合作用"的过程在地球生态圈中扮演着非常重要的角色。

像人体细胞这种在能量和碳来源两方面都需要现成产品供给的生物单位就属于有机异养生物（organoheterotroph），依靠无机离子反应来生存但需要外部糖类作为碳来源的细菌则属于无机氧化异养生物（lithoheterotroph），而那些能量和碳来源都是无机物质的古菌则属于化能自养生物（chemoautotroph）。将无机二氧化碳转化为有机分子，并将它们推向图 1-3 中能量梯度高处的过程叫作碳固定（carbon fixation）。某些执行碳固定的化能自养生物居住在地底深处，从附近的矿物质中汲取所需的离子和二氧化碳。严格地说，它们一日三餐都在吃石头。我们在第 2 章讨论极端环境下的生命时，会介绍这类令人震惊的生物。太阳系中适宜生命生存的许多潜在生态位都离太阳很远，并且那里现成的有机化合物也不够多，因此，地外生命最有可能的形式就是化能自养生物。

光合作用

与呼吸作用一样，光合作用的关键也是释放电子，为细胞工作。光合作用有两个必不可少的组成部分：第一是捕捉光能；第二是利用捕获的能量驱动碳固定。

第一部分的核心是一种含镁化合物——叶绿素。这些分子可以非常高效地吸收可见光，利用光能激发自身结构内的电子。然后，载体分子就会载上这些电子，将它们转移到电子传递链中。

现代植物拥有两套可以捕捉太阳光的光合系统。

第一套是一种循环通路，在这条通路中，电子在随着传递链"奔走"一圈之后，又会回到叶绿体中。这是一种古老的机制，类似的系统会为许多光合细菌提供能量。在第二套光合系统中，光能也会激发电子，然后，要么将电子送到传递链上，要么储存在传递链中，准备驱动后续的还原反应。不过，在这套系统中，光能还会驱动水分子的分解。这个分解过程中释放出的低能电子会代替光合系统中失去的那些电子。这个过程还会产生另一种副产品——氧气，它们会以废料的形式散逸出去。正是因为这个过程能够产生氧气，所以被称为"生氧光合作用"。在这两套光合系统中，电子传递链都会创造出能够产生三磷酸腺苷的质子梯度，就和呼吸作用一样。

光合作用的第二个组成部分（利用捕获的能量生产有机分子）

并不需要光的参与。在固碳作用的关键一步中,二磷酸核酮糖羧化酶会将一个碳原子(来自二氧化碳)连到五碳糖上,然后,这个六碳糖就会一分为二,生成两个三碳分子,而这两个分子又会进入一场庞大的循环反应(实际上就是克雷布斯循环的逆过程)的启动阶段。光合系统产生的三磷酸腺苷和电子载体将能量和电子输送到这个循环中来驱动反应,这个反应的部分产物会以活性六碳糖的形式被吸走,以生产植物所需的全部复杂的碳水化合物。最后,五碳糖又会被重新制造出来,而整个循环将再度开启。

总结而言,这个过程是这样的:光合作用产生三磷酸腺苷,并将二氧化碳固定到碳水化合物中,再通过分解水的方式获取需要的电子,分解水的过程还会释放氧气。因此,细胞的两大基本需求——生化能量和还原碳化合物,同时得到了满足。光合作用的这种进化结果及其对大气层产生的效应,在地球生命史上具有极其重要的意义。我们会在第 4 章中深入讨论这种重要的进化。如今,地球上的光合生物每年能固定大约 10 万亿吨碳,支撑着整个地表生物圈。二磷酸核酮糖羧化酶是地球上数量最多的酶之一,而且它们会在所固定的碳元素中留下独特的记号。在古老的岩石中,这种生物记号可以用来追溯生氧光合作用出现的时间。

地壳的氧化还原电势本就为负值。由于太阳光和辐射的作用,大气层和海洋的氧化性要强一些,这就在地壳及其上方的水和空气之间创造了一种电化学梯度或者势差(potential difference),它就相当于一块行星尺度的电池。很多无机生物生活在地壳与水和空气的交界处,通过促使地壳中的还原离子与上方氧化物质发生反应来从中汲取能量。由于高度还原的有机物质会以沉积物的形式聚集在陆地和海床上，而氧气则被输入水和空气中，所以光合作用的结果就是加大了地壳与其上方物质之间的电化学梯度。因此，在进化的过程中，整个地球的势差变大了。

很多这类氧化还原反应都会自然发生，因此，生命利用它汲取能量的唯一方式就是，用比正常情况更快的速度进行这类反应。一旦参与反应的化学物质达到了平衡状态，能量梯度就会随之消失，生命也就不复存在了。这就是酶如此重要的原因：单纯的地质过程最终会消除能量梯度，而酶能让生命以更快的速度进行这类氧化还原反应。例如，亚铁氧化的生锈反应在正常状态下需要持续几年时间，而酶可以轻松地加速这个过程，并且让它持续地进行下去。在低温环境下，如果没有生命的参与，有些反应就根本无法进行。还有一些反应的速度实在太快，即使有酶的参与，也无法变得更快，比如氧化铁和硫化氢之间的反应。

这种加速非生物反应的需要在环境中留下了非常独特的记号。例如，如果你从黑海表面开始向下潜游，观察不同化学物质的浓度，就会发现一系列落差极大的梯度和峰值。虽然黑海表面氧的浓度很高，但由于生物的有氧呼吸作用，稍往水面以下一些，这些氧就迅速消失了。化能自养生物的存在致使黑海表面下方不远处出现了还原氮和铁的浓度峰值，更深一些的地方还会出现更高浓度的其他化学物质，比如氨和硫化氢。如果没有生命的参与，生产出这些化学物质的反应速度就会慢很多，根本不足以形成这种浓度梯度，因为梯度形成的速度还没有扩散和水流混合它们的速度快。实际上，黑海中的化学物质并非呈均匀分布，这就是生物存在的铁证。不同尺度下的所有生态系统都会表现出这种分层结构：在湖水中，每层以米为单位；在沉积物中，每层以厘米为单位；而在生物膜中，每层以毫米为单位，比如叠层石表面的那种情况。因此，天体生物学家凭此便可以直接侦测出地外生命的生态系统，而不必预先对其有机体的外表、遗传网络以及代谢网络做出假设。环境中的一系列氧化还原反应层印证了生命的存在，同时，这也清楚地表明了以生物方式加速的化学过程的驱动力是什么。

为什么说地外生命与地球生命存在相似性

在本章的第一部分，我们从遗传信息的储存和为保持自身的复杂性而生产能量两个角度，简要地回顾了地球生命的运作方式。然而，究竟是什么让我们认为，其他星球上的生命就一定与地球上的一样呢？首先，地球生命使用的糖类、氨基酸和碱基，地外生命也能使用。这些物质在太阳系形成期间诞生于恒星间的巨大尘埃云中，我们会在第 3 章介绍更多这方面的细节。不过在其他星球上，这些模块或者其他的生命组件是否与地球生命的选择有些许不同，并且以其他方式组合在一起来创造生命系统呢？地球生命的代谢机制有很多，而遗传系统只有一种，因此我们来重点探讨一下 RNA。在整个宇宙中，地球生命 RNA 的特殊组成，以及与其联系密切的 DNA 是不是独一无二、不可或缺的呢？或者，是否存在类似的分子能够胜任同样的工作？接下来，我们会回归这个问题的本源，并提出这样一个问题：碳基生命以及以水为溶剂的化学体系究竟有何特殊之处？发现以水和碳为基础的地外生命是我们当前探索太阳系的基本前提，但这种由此及彼的推理过程可靠吗？不过，在详细探讨这个问题之前，我们还是先来了解一下 DNA 和 RNA 这对分子姐妹吧。

DNA/RNA

在生命出现的第一阶段（细胞出现之前很久），地球上到处都是复制出来的简单分子，在这段前生命化学时期，产生了大量不同种类的糖和碱性物质。那么，为什么当前的地球生命只使用其中两种密切相关的聚合物来储存遗传信息呢？RNA 和 DNA 中的特定亚基究竟有何特别之处呢？它们比其他选项更高级吗？又或者，它们的成功只是侥幸，是进化过程中的一次巧合？对于 RNA 的解释，目前的主流观点是，这很可能是一次巧合：一旦进化过程选择了 RNA 系统，就很难再回到起点。这就和电脑键盘沿袭机械打字机的标准键盘的情况很相像，但这种模式绝不是最佳的：它的设计目的是拖慢打字速度，以此来减少输入故障。虽然人们做了很多替代 qwerty 按键布局的尝试，但事实证明，若想改变这种布局实在太难了。因此，这种次优系统便成了固定模式。

为了解决 RNA 和 DNA 是否存在可行的替代物这个问题，研究人员一直在创造各种人工替代物。实际上，DNA 和 RNA 几乎一样，区别只是 RNA 的核糖糖环上多连了一个氧原子，并且 DNA 使用了胸腺嘧啶，而 RNA 使用的是尿嘧啶。DNA 和 RNA 都由三部分组成：糖、将糖串成链的磷酸基、碱基。在 DNA 链内改变碱基相对简单，研究人员通过实验研究，已经可以系统性地将其替换成人工碱基，也就是改变遗传字母表中的字母。而替换后，DNA结构并没有发生过度扭曲，仍旧呈双螺旋结构。地外生命的DNA很可能不会用这种非标准的替代物，因为它们不太可能形成于前生命阶段。人们认为，前生命阶段发生在星际气体云和原始行星上。

大多数以替代物为研究目标的实验都将重点放在了RNA上，因为研究人员认为，在生命的进化过程中，RNA出现的时间要早于DNA。地球生命RNA的构筑基础是五碳糖（核糖）。有实验人员已经测试了针对这种结构的两项重大修改：其一是将连接相邻糖的"纽带"连到糖环内的不同碳原子上；其二是使用其他糖分子。磷酸基将相邻糖的第三个和第五个碳原子结合在了一起，因此，RNA就形成了一条长链。而实验室内的替代方案则是将第二个和第五个碳原子连接起来。然而，按照这种方式形成的RNA链不仅更脆弱，容易断裂，而且碱基对之间的键强度也大为减弱了。

核糖存在于各种同分异构体[①]中。研究人员发现，某些用同分异构体制造的RNA，其碱基对之间的键强度变得更高了，因此，形成的双螺旋结构也比原生的RNA更加稳定。就RNA的进化过程来说，以整个家族内的同分异构体为替代物所形成的结构强度更高，这很有意思。这表明，自然形成的RNA之所以能从各个替代方案中脱颖而出，并不只是因为它的稳定性。也许，中等强度的碱基对更好，因为这样一来，双链在复制过程中就更容易分离了。此

---

① 同分异构体是由同种原子组成但结构稍有不同的物质。

外，由高强度碱基对形成的双螺旋结构更容易出错，绑定时的双链序列不能完全匹配。

实验室内对RNA做的第二项重大修改是改变糖的类型。核糖是一种五碳糖，如果将它换成四碳糖或六碳糖，会发生什么呢？结果研究人员发现，像葡萄糖这样的六碳糖并不能很好地储存信息，而且碱基对之间的键合能力严重不足。出现这种情况不仅是因为六碳糖之间的化学键强度不够，更是因为碱基的配对没有那么严格了。比如，A本来只能和T配对，现在它一高兴，跑去和G配对了。比五碳糖大的糖很可能太过"臃肿"，而且还会干扰邻近的化学键。不过，四碳糖的实验结果令人喜出望外。利用苏糖（threose）制成的聚合物TNA，其碱基对之间的强度和准确性与RNA类似，并且也能形成完美的双螺旋。TNA甚至能与RNA和DNA交叉配对，这是大部分替代物无法做到的。这个结果引起了人们的兴趣，因为作为一种四碳糖，苏糖的结构更简单一些。在前生命时期，这种糖更容易形成，因此，早期地球上出现TNA的概率理应要高得多。我在第4章探讨复制分子的进化过程，以及DNA和RNA最初是如何形成的等难点问题时，会进一步说明TNA的重要性。

截至目前，以开发RNA的优良替代物为目标的实验都陷入了困境。许多候选聚合物都无法形成稳定的双螺旋结构，而少数能够做到这一点的则在其他方面逊色于RNA。因此我们认为，如果地外生命是从与早期地球相似的前生命化学物质"汤"中进化出来的，那么它们很有可能会用RNA或者与RNA非常相似的分子作为储存遗传信息的载体。不过，RNA 和 DNA 中的糖类、键位以及碱基的所有可能替代物实在太多了，我们目前已经研究过的少到可以忽略不计，至于不同种类的聚合物就更不用说了。我们下一步的研究目标是，在达尔文进化论的框架下，测试哪种聚合物会随着时间的推移进行复制和进化。

碳元素

对于形成人类这种生命体来说，高分子化学反应必不可少，我们利用核酸聚合物 DNA 和 RNA 来储存并传输信息，利用淀粉这种碳水化合物的聚合物作为能量储备。氨基酸聚合物这类蛋白质则是聚合物中最多样化的一支。碳元素构成了所有这些分子的骨架，没有碳元素，地球生命很可能无从谈起。很难想象还有其他元素能如此适合于构建承载生命复杂性所必需的分子。

硅元素是人们最常提到的碳元素替代物。在元素周期表上，硅元素位于碳的正下方，这意味着在化学反应中，硅元素的表现与碳元素很相似，比如，硅原子也能同时形成 4 根键。硅原子比碳原子大，这意味着恒星核心区域生成的硅元素相对较少，因此，宇宙中的碳元素要比硅元素多得多。不过，太阳系的形成过程决定了地球上硅元素的丰度要高得多，将近占了地壳的 30%。因此，在像地球这样的岩石行星上，不缺少硅元素。如果以硅为核心的复杂化学体系在地球上是可行的，那么这颗星球上出现的生命应该是以硅为基础的，而不是地壳中含量较少的碳。事实上，个别地球生命确实使用了硅元素，比如双原子藻类用硅来建造外壳。然而，硅还是无法成为高分子化学和代谢化学的基础。

硅原子比碳原子更大还意味着，相比于碳原子，硅原子与其他原子形成的化学键更为脆弱，由此产生的聚合物也更脆弱，至少在地球历史上的绝大多数地表条件下是这样。在诸如高压、高温或低温等特殊的环境下，硅原子确实也有可能形成强度足够高的聚合物。然而，我们连这样一种生物化学系统会是什么样子都无法想象，更别提设计实验去寻找这种生命模式了。

硅基生命的另一大难点在于它与氧结合形成的化合物。碳聚合物可以被氧化，并释放出二氧化碳，比如碳水化合物的呼吸过程。类似的硅氧化过程会产生二氧化硅，也就是沙子，这是一种坚硬且难溶于水的固体，生命很难"消化"它们。生命进化过程偏爱碳基生命（至少在银河系是这样）的最后一个理由是，碳原子这种构造有机体大厦的"砖块"遍布于整个宇宙。人们认为，在原始行星形成之初，整个星球都会被上空掉下来的碳化合物淹没，这种化合物对生命的形成至关重要。相似的硅化合物则在宇宙中难觅踪影，因此，寻找碳基生命似乎是唯一明智的选择。

水

液态水是不是地外生命的必需品呢？这个问题的答案没有那么明确。水有一系列令人印象深刻的特性。首先，液态水是一种特别优良的溶剂。水分子呈 V 型，两个分支顶端的氢原子稍带正电，而交点处的氧原子则稍带负电，因此水分子带有极性——既有正电位，也有负电位，这意味着水分子互相之间能形成弱"氢键"，同时也能和其他极性物质或离子结合起来，起到溶解作用。分子的溶解性对生命的快速化学反应来说至关重要，而且这既有助于集中必要的营养物质，也有助于排出废料。不可能存在固态有机生命，因为固体中的分子都被囚禁起来了，无法移动，也无法参与反应。气态生命形式刚好相反：气体中的分子会迅速互相远离，永远达不到足以产生快速反应的浓度。

水中的氢键确保了它呈液态，这样生物就可以在很大的温度范围（地球海平面气压下的 0 ～ 100℃）内使用这种物质。水在结冰时会发生膨胀，这也是一种奇异的特性，所带来的一个结果就是，冰的密度小于水，因此冰会浮在水面上，把水隔绝起来，避免整个水体都凝结成冰。此外，水还能吸收大量热能，但温度不会因此大幅升高，因为高温会破坏生物分子。因此，水就成了极好的热量缓冲带，能保护细胞免受温度的大幅波动之苦，还能预防某些至关重要的活动（比如酶的作用）突然中断。从化学角度来说，水还有一项重要作用，那就是能为很多生物化学过程提供氧原子或者氢原子，比如将蛋白质或淀粉分解成亚基的水合反应。

任何已知的液体都无法同时拥有水的这些神奇特性。不过，我们并不知晓哪些特性与生命的出现相关。有没有可能存在另一种溶剂，虽然只拥有这些特性中的几项，但仍旧能够满足生物化学反应的需要？比如，我们常认为，若想让蛋白质正确折叠并工作，水的极性是一项必不可少的条件。然而，有一种名为类肽的物质，化学性质与蛋白质非常相似，可以在纯甲醇中折叠。我们也有可能一直将问题问反了。水的特性似乎碰巧调节成了适合生命生存的状态，但也有可能地球生命将自己调节成了适应水环境的状态。地球生命之所以会进化出利用水的某些特性的能力，只是因为水是我们这个星球上唯一一种大量存在且可使用的溶剂。地球生命适应水环境的程度要比水适应地球生命的程度更高。至于生命为什么没有在其他溶剂中形成，我们现在还无法在化学方面给出可靠的解释。实际上，从某些角度来说，水并不适合生命生存：水的性质相当活泼，会发生许多反应，并且还容易分解复杂的有机分子。比如，RNA在水中的存活时间就特别短。

那么水的可能替代物又有哪些呢？在地球大气压下（纬度45°海平面上的气压），纯氨在 $-78℃ \sim -33℃$ 的温度之间呈液态，可以形成氢键来溶解许多有机物。氨在星际空间是一种十分常见的化合物，外层空间的气体云中就有它们的身影，而在木星大气中，它们以液滴的形式存在。水和氨的某种混合物在远低于纯水凝固点的温度下仍能呈液态，形成了一种混合溶剂。这一点与地外生命可能具有比较大的联系，土星的卫星土卫六的表面之下可能存在氨与水的混合液体层。另一种可能的替代物是化学物质甲酰胺，它们在很大的温度范围和气压范围内都呈液态，能够溶解盐，并且拥有与水相似的一些性质。其他可能的溶剂还包括甲烷（在地球环境下，大约在 $-160℃$ 时呈液态）和液氮（在 $-196℃$ 时呈液态）。然而，从原则上来说，它们虽然能够支持有机生物的化学过程，但比水低得多的液态温度始终是个大问题。即便在如此寒冷的气候条件下确实存在上述这些溶剂，相应的化学过程也不会与地球生命一样。环境越冷，生物化学过程的速度就越慢，对用于加速生化反应的酶的效率要求也就越高。在这种低温条件下，生化反应可能慢到了我们会直接断定生命不可能出现的程度。

至于非碳基生命的非水基生态，我们就更难以想象了，设计实验或者设计送往其他星球探测此类生命的仪器也因此变得难如登天。我们还没有开始设计能够在水中运作的其他代谢网络，更不用说设计那些以完全不同于水且我们对其化学性质知之甚少的溶剂为基础的代谢网络了。美国国家航空航天局（NASA）在天体生物学方面的座右铭是"寻找水的踪迹"，这是因为，至少在地球上，哪里有水，哪里就有生命。就目前来说，这个方向很可能仍是天体生物学研究的重点——寻找我们已知的能够支持生命生存的环境，而不是推测其他镜花水月般的可能性。

到目前为止，我们了解了哪些有关生命的内容呢？生命必须生存在有能量梯度的地方，这样它们才能从周遭环境中汲取能量，以提高自身的复杂性。地球生命有两种汲取能量的基本方式。第一，通过光合作用或者氧化还原反应释放电子，这些自由电子产生了能够驱动三磷酸腺苷合成酶的质子梯度。第二，还原后的有机物通过发酵过程直接产生三磷酸腺苷，但数量有限。生命还必须包含被编码的自描述信息，而且必须能为后代复制这些信息。地球生命通过高分子化学满足了这些要求，而高分子化学需要有机物（碳）溶解在液态媒介（水）中。虽然其他溶剂或许也能胜任这项工作，但碳的全能性意味着它们可能是普适的宇宙生命基石。至于地外生命究竟会用碳构建何种高分子聚合物，我们就不得而知了。虽然 DNA、RNA 和蛋白质是地球生命普遍具有的，但在探索可能的替代方案方面，我们才刚刚起步。

LIFE IN THE UNIVERSE

A BEGINNER'S GUIDE

02
极端环境中的生命

科技发展的火花点燃了人们进一步探索其他领域的兴趣，以及前往其他星球寻找生命和"极端微生物"的热情。极端微生物是指即使生活在地球上的恶劣环境中也能蓬勃发展的生命。这里所说的恶劣环境曾仅仅被认为是绝对无菌的环境。

自20世纪90年代以来，人们对微生物学这门生物学分支的兴趣日益浓厚，而现在，无论生活在地球的哪个角落，我们都密切关注着周围的一切，并期待着能够发现欣欣向荣的生命。

生命自诞生的那一刻起，便以不可阻挡的态势适应了地球上几乎任何一处潮湿的生态环境。有证据表明，太阳系内的许多行星甚至卫星上存在液态水。实际上，任何与恒星有着适当距离的行星上都应该拥有大量水。因此，能够在地球极端条件下发现生命将是非常重要的。

影响细胞功能的三个重要因素

从细胞生物学的角度来说，影响细胞功能的重要外部因素有三个：温度、酸碱度和盐浓度。不同的有机体能在不同的条件下存活。我们可以结合所有细胞在这三个因素上的忍耐度，绘制出一张拥有三个不同变量的三维图表，以展示地球上生物的总体情况。这个图表显示，我们所能知道的所有生命体的细胞的生存环境介于这两者之间，也就是极度酸性的冰水到与其完全相反的极度碱性的热盐水这两种极端环境之间。我们相信，其他星球上存在更多我们不知道的适于细胞生存的条件。而在地球上，只要有一定的温度、酸碱度以及盐浓度，生命便能蓬勃生长。

我们会依次讨论这三个影响细胞功能的重要因素，并解释极端环境中的极端微生物究竟是运用何种机制生存下来的。真核细胞的复杂性意味着，它们是异常敏感的，很难在极端的物理与化学环境下存活。因此，在极端环境中生存并发展的都是原核生物。不过，我们必须清楚地知道，原核生物的极端性只有在与其他细胞相比时才能够显现出来。地球上并没有标准的、适合所有生物生存的环境，对于最初的生命诞生的条件，我们仍然一无所知。"极端"的定义是从旁观者的角度给出的，从生活在地底深处高温高压环境中的细菌的角度来看，一般的生物细胞生活在地表极寒的环境中，生活在充满了腐蚀性的毒气——氧气的空气中，并且置身于强烈的紫外线中，这些细胞是进化的怪物。

温度

温度的绝对极限一方面由水的冰点决定,另一方面又由水的沸点决定。在这两种情况下,水不是结冰就是变成蒸汽。而生命体又是由水构成的,所以我们很难想象当水超乎这两种状态时会发生什么。因此,我们便可以得出这样的结论:在目前的认知中,活跃的生命需要液态的、具有流动性的水。除了温度,还有其他因素影响水的冰点和沸点,使其不仅是我们所熟悉的 0℃ 与 100℃。在海水中,固态冰在 20℃ 左右时才可以转变为液态,而海洋最深处的水只有达到 400℃ 时才开始沸腾(类似于高压锅)。

对于生物体来说,在很低的温度下生存一般都不成问题。很多有机体能被暂时冻结,之后再被重新激活,比如,生育诊所经常将卵子储存在温度约为 -200℃ 的液氮之中。尽管如此,世界上依然存在许多重要因素限制着细胞在严寒环境下保持活跃与生长。那些喜欢在严寒环境下生长的细菌被称为"嗜冷菌",表 2-1 中列出了它们的生理特征。

表 2-1 嗜冷菌的生理特征

参数	程度	
	低	高
温度	冷的	热的
pH	酸性的	碱性的
盐度		盐性的
压力		气压

蛋白质是细胞克服低温环境最重要的影响因素，尤其是对温度要求十分严格的酶，只有在特定的温度范围内，酶才能发挥最大的效用。酶的催化作用取决于它们能否改变形状，但温度越低，帮助它们弯曲的热振动就越小。适应了接近冰点温度的细胞进化出了拥有更松散的化学键的酶。这意味着即使在非常低的温度下，它们依然能够保持柔软，因此可以保持新陈代谢。基于相似的原因，在低温环境下，细胞的细胞膜也保持了更大的流动性。然而，这类细胞面临的危险是，一旦温度超过了它们所能承受的上限，细胞中松散的蛋白质将会变性，就像炒鸡蛋的原理一样。当温度升高到20℃时，这些耐寒的嗜冷菌就会开始大片地死亡。如果嗜冷菌中那些畸形的蛋白质不会杀死生命体，那么细胞膜破裂时溢出来的细胞含有物也会将嗜冷菌逼上绝路。

南极水域以及深海中的沉积物是嗜冷菌的家园。可以毫不夸张地说，有些嗜冷菌活跃在南极洲大约-20℃的冰层中。随着海水的温度越来越低，盐也会逐渐集中到小部分区域，因此，这部分的海水将变得越来越咸，这有效地阻止了海水凝固成冰，并生成了一个相互连接的通道与孔隙空间。这种低温环境将会导致生命的繁殖速度非常缓慢，最长可达6个月（与人类肠道中生活着的每隔20分钟分裂一次的细菌相比）。在地球上，大部分地表生物圈处于低温状态——超过90%的海水是低于5℃的。适应了深水之中的高压环境的嗜压微生物也具有适应低温环境的能力。

然而，嗜热菌面临着另外一种问题。与嗜冷菌相反，嗜热菌进化出了一种拥有超强化学键的相互连接的酶，以防酶在高温下解体或者生物膜的流动性降低。从某种意义上来说，嗜热菌有一个得天独厚的优势，那就是在较高的温度下，化学反应进行得比较快。然而在约150℃及以上的高温下，许多有机分子将会被分解。因此，能够使生命体存活的温度有一个绝对的上限。到目前为止，没有任何一种生命体能够承受超过121℃的高温并存活下来（这是由古菌创下的纪录）。绝大多数极其耐热的有机体，即嗜热菌，都是古菌。相对于原核生物，真核生物的耐热能力较差。极少数藻类和真菌能够适应高达60℃的高温；撒哈拉沙漠中的蚂蚁能忍受正午55℃的高温出来觅食；叶绿素会在75℃时被降解，因此在高温水域，光合反应的效率极低。另一个严峻的问题是，随着水温的升高，氧气与二氧化碳等气体在水中的溶解度将会降低，因此许多嗜热菌都是厌氧的。

嗜热菌通常出现在诸如火山的侧面、间歇喷泉周围以及地热温泉等环境中。这些环境通常富含来自地壳的矿物元素，因此许多嗜热菌是化能自养细菌，能与氢元素或者铁元素反应，又或者与氧或者硝酸盐之类的氧化剂一起来氧化硫化合物。通过氧化硫化物来提取能量会产生一个非常不好的副作用：这些反应会产生硫酸，导致地热水呈酸性。比如，美国国家黄石公园的火山温泉中不断有硫黄气体随着沸腾的蒸汽散逸出来，酸性极强。这类温泉的边缘经常呈现出缤纷的色彩，这反映了在通过不同的嗜热微生物进行的氧化还原反应中，有多种不同矿物参与了反应。随着温度的不断升高，水会不断减少；反过来，随着水的深度的增加，酸度也会逐渐减少。因此，靠近水面的嗜热菌必须能够适应强酸性的环境。

酸碱度

酸碱度描述的是水溶液的酸碱性强弱程度，用 pH 来表示。pH 亦被称为氢离子浓度指数，它是通过测量溶液中氢离子的含量来测定的。酸性溶液的 pH 低于 7，而碱性溶液的 pH 大于 7（中性溶液的 pH 等于 7）。质子浓度是细胞转化能量的基本机制。事实上，许多有机分子是在 pH 较低的状态下，即在酸性环境中形成的，比如蛋白质、核酸和许多参与代谢的小分子。许多嗜酸菌能够承受 pH 为 2 的环境，这大概与青柠汁的酸度相当。一些嗜酸菌首次发现于被它们破坏的水果罐头中，一些则发现于温度很高的小片水域中或者富含硫元素的石矿中流出来的水中。嗜酸菌最极端的特征是能够在 pH 为 0 的环境中生存，这种环境的酸度大约是柠檬汁的 100 倍。在如此高的酸性环境中，如果再加上非常高的温度，毫无疑问会对细胞生物带来毁灭性的打击。因此，绝大多数嗜酸菌只能够在 60℃以下的温度中存活。

嗜酸菌的威胁主要来自其蛋白质的稳定性。蛋白质精密的三维结构是通过化学键紧密地连接在一起的，而这些化学键会因电荷分配的不同而大大改变原有的性质，比如酸性增加。嗜酸菌通过在体内保存更多含有中性侧基的氨基酸，以及竭尽所能地让体内环境呈中性来保持自身蛋白质的稳定性。它们通过泵出质子来维持体内的中性环境，这是嗜酸菌的优势。比如，某些生物在细胞外氧化铁，并将释放的电子运输到细胞内，从而将氧和氢离子结合在一起，形成水。质子借此从细胞内流出细胞外，而外面的电子通过三磷酸腺苷合成酶进入细胞内来生成能量。

嗜碱菌的一个极端特征是能够生存在碱性非常高的水域，比如美国西部的苏打湖与肯尼亚的马加迪湖。这些有机体能够承受 pH 高达 11 的环境——其碱浓度相当于家用氨。在这种环境下，氢离子的浓度非常低，细胞很难通过三磷酸腺苷合成酶来生成能量，而钙和镁之类的必要元素以盐的形式从水中沉淀出来，所以嗜碱菌对其吸纳的水平非常低。嗜碱菌通过频繁地交换体内的元素来使体内环境保持中性状态。

盐浓度

大部分有机物能够在纯净水中生活，一些有机物却面临着严重的威胁。喜欢盐的嗜盐菌很难维持体内的渗透平衡（即令细胞内外溶液浓度的差异值保持恒定）。渗透过程就是水从浓度低的区域进入浓度高的区域，也就是说，由多到少地稀释。这意味着，嗜盐菌的细胞每时每刻都面临着细胞内的水流失到外部环境的危险。嗜盐菌通过不断地泵出钠离子来克服这一难题，同时会使用良性的化学溶剂，比如氨基酸和甘油。这样，它们就避免了细胞质含盐量过高的问题，使蛋白质免遭破坏和变性。

当湖泊中的水产生高蒸发量时，就会形成超生理盐水环境，死海就是一个典型的例子。另外，当盐度过高的海水被海洋盆地中低密度的水困住时也会造成超生理盐水环境。高盐度似乎不是一个那么苛刻的生理环境，因为一些真核生物也能够在其中自如地生存。在藻类过度生长的盐水湖中也有虾生存。不过，随着湖水蒸发和盐浓度接近饱和，即溶液无法再溶解更多盐时，此时湖水的含盐量大约是 35%，约为海水的10倍，只有嗜盐菌才能生存其中。

关于嗜盐菌的讨论总是聚焦在细菌和古菌这类最具代表性的生物身上，但真核生物当中也不乏令人震惊的例子。这些都意味着，外太空世界也有产生复杂生态系统的可能性。真核生物的细胞不能在超过60℃的环境中存活很长时间，这是公认的事实——60℃大约是热茶的温度。不过，许多高等生物能够在结冰的环境下自如生存。

有一种奇特的昆虫名叫蚤蠓，它能够清除冻死在冰山之巅的动物的尸体，能够在冰点以下的温度中活动自如，因此常被称作冰虫。如果你把它们从冰面上捡起来，你手心的温度足以杀死它们。由于长期生活在低温环境下，蚤蠓生长与发育的速度十分缓慢，几乎需要7年时间才能完成每一代的交替。臭菘能够在周围的土壤都被冻结的环境中生存，它们能够通过呼吸作用产生质子梯度，不过不直接生成三磷酸腺苷，而是产生热量去融化周围的土壤。

在复杂的真核生物当中，最具代表性的当属缓步动物，例如水熊。这些拥有8条又粗又短的腿的微小生物，身长不足一毫米，虽然与龙虾这类节肢动物十分相似，但又存在着明显的区别，它们是能够被单独归类的独特生物。这种微小的生物生存在潮湿的苔藓中，无论在酷热的热带还是在寒冷的南极，外界的气候几乎不会影响到它们的生存。当外界环境变得恶劣无比时，它们会将自己的身体蜷缩成桶的样子以便冬眠。当它们蜷缩成一团时，即使外界环境由-253℃变为150℃，有着强烈的X光照射，或者处于高压和真空状态，它们都不会受到任何影响，几乎所有恶劣的外界环境都无法对它们构成威胁。它们是残酷的动物世界中真正的幸存者，是能够适应一切复杂环境的完美模型，我们或许能够在外太空中寻找到它们的踪迹。

地球上的"外星"世界

除了确定地球生命的生存能力极限、看看生命的生存空间能延伸多远，天体生物学家还热衷于研究与已知的地外环境非常相似的地球环境，我们将详细探讨其中的三个极端环境。从生命前景的角度来说，首个被认为具有相似性的是火星地表。

南极干谷

南极洲不仅是地球上最寒冷的地方，也是最干燥的地方。这里的空气太过凛冽干燥，无法保持住水分，当风吹过像倒扣的碗的南部大陆，攀升的海拔越高，它就会变得越发干燥。这些极度干燥的寒风沿着顶部山谷一扫而过，形成大片完全贫瘠、无冰的岩石。这里每年的降水量不到半厘米，即使雨量这么少，大部分时间水仍处于冰冻状态。因此，这里不可能有生命存在。在寒冷的冬季，这些干谷的温度骤降至 -40 ℃，夏季则飙升至 1 ℃，而这个温润的季节只能持续两周。如果有动物被困在这些干谷中，结局只有一个，那就是死亡，并立即被冻干。在这些干谷中，人们发现了一些保存了数千年的海豹尸体。

1903年，罗伯特·斯科特（Robert Scott）来到南极干谷探险，所到之处不见任何生命的痕迹，因此他将这里称为"死亡之谷"。不过，如果你仔细观察，就会发现这里有生物体存在——以细菌和岩屑为食的线虫和缓步动物，这些微小的生物会在短暂的夏天解冻而苏醒。不过，它们不是生活在开阔的地面上，而是生活于散落在荒原上的岩石球粒的微小裂隙中。整个生物生态系统都隐藏在这些岩石中，它们因此被称为隐藏岩内生物。

岩石裂隙中的温度比外部冰冷的空气宜人，生命这才有可能存在。太阳的热量虽然微弱，但至少加热了岩石，而岩石裂隙困住了融化的冰，并保护居住于其内的群落免受狂风的侵袭。对于支撑着这些微型生态系统的光合地衣和细菌来说，这些微小的裂隙还有一个重要作用。由于臭氧空洞的存在，南极洲是地球上紫外线辐射最强烈的地区之一，这种辐射会抑制叶绿素的作用，损害蛋白质和DNA。如果生命居于岩石裂隙内，哪怕仅仅是几毫米深的位置，也能躲避大部分致命的紫外线，而且这种深度仍能保证有足够多的可见光通过，来驱动光合作用。因此，半透明的岩石就相当于非常有效的过滤器。

有些人认为，火星表面也可能存在这样的岩内栖息地。在一年的大部分时间里，火星的地表温度都极其低，即使是赤道地区。不过，岩石裂隙可以吸收足够的热量去融化冰，收集融化的水，在火星短暂的夏季为生命提供适宜的环境。火星上空没有厚厚的大气层或臭氧保护层，无法抵御强烈的紫外线辐射，因此这里的紫外线对DNA的破坏作用比地球上强400倍。而那些薄且半透明的岩石可以吸收紫外线,就像南极干谷中的那些岩石的过滤作用一样,使光合作用得以继续。不过,火星地表上的生命仍然面临着一些难题。首先,在目前的大气条件下,液态水是不可能存在的;其次,太阳紫外线辐射使暴露在外的火星地表剧烈氧化,变得非常干燥,并且撕裂了任何可能已经发生聚合的有机分子。因此,很难想象这里的岩内栖息地能够提供生命的基本所需。不过,火星的生命前景并非如此暗淡。在第5章,我将介绍远古火星时代存在地表生命的可能性,以及即使到了今天,它们仍在地下深处繁衍生息的可能性。

在整个银河系的恒星系中,有一种能使岩石产生裂隙的方法随处可见,那就是大撞击事件。虽然陨石或彗星撞击事件极具毁灭性,但撞击产生的巨大冲击波能使附近的岩石破裂,开发出许多潜在的岩内栖息地,例如位于德文岛厚厚冰层之下的霍顿陨石坑。德文岛是地球上最大的无人岛,位于加拿大北部,霍顿陨石坑有24千米宽,大约形成于2000万年前的一次撞击,现在被埋在厚厚的冰层之下。该陨石坑周围有一些受过冲击的火山岩,其裂隙大小是其他地方的25倍。这些裂隙中生存着光合生物,每年总有那么几个月,这些温和的小环境一片欣欣向荣。火星表面也散落着一些因撞击事件而破碎的岩石,因此并不缺少类似的岩内栖息地。同样重要的是,第一批在地球陆地上定居的细胞正是利用了这些绝佳的居住环境。在太阳系的早期,撞击事件频繁发生,频率是现在的几千倍,因此,第一块成形的陆地上的岩石可能都普遍出现了断裂。

除了岩内栖息地,还有一种由撞击事件形成的栖息地,在寒冷的环境中,这类栖息地有着重要的天体生物学意义。撞击事件不仅会使大面积的岩石受到冲击，还会产生巨大的热量，这些热量来自撞击本身释放的能量，并通过更深、更热的地壳被带到地表，将周围的冰融化成地热湖。接着，细菌从地下迁升至此或者随风而至，迅速占领这片永冻地带的暖水区。据计算，霍顿陨石坑中有过一个存在了数千年的湖，其水温超过了 50℃。在撞击事件频繁发生的最后阶段，一些猛烈的撞击事件可以创造出能够持续数百万年的地表热液环境，这段时间足以对生命的进化产生重大影响。湖水渗进炽热的地壳，又携带着溶解矿物质渗出来，这些矿物质可以为化能自养生物提供能量。即使随着时间的推移，热量逐渐散失，湖水开始结冰，但冰层之下的水在接下来的很多年里仍然保持为液态。生命的潜力会随着所依赖的能量梯度的消失而降低，整个生态系统最终也会走向崩溃。

沟壑纵横的火星南半球被认为含有大量地下水。因此，这种由撞击事件形成的水热系统可能对原始火星的天体生物学研究来说至关重要，无论是在孕育生命方面，还是在为以后迁居至此的移民提供新生态位方面。有趣的是，科学家已经在火星极地地区发现了陨石坑，那里仍然有结冰的湖泊。目前，我们还不知道这些曾经的地热湖是否诞生过生命，但这种可能性是非常吸引人的。随着湖泊结冰，里面的细胞也被封存了起来。未来的探测器有望从这些冰湖中挖掘出样本，解冻被困在其中的"居民"，让它们苏醒。

深海热泉

20 世纪 70 年代末，当"旅行者号"（Voyager）太空探测器在木星系统中发现活跃的火山、新的卫星和环系统时，研究人员也在地球海洋幽暗的深处获得了不同寻常的发现。在潜水器中工作的研究人员都很熟悉嗜压生物，它们能够承受海底极强的压力，地球的最深处马里亚纳海沟底部也生存着嗜压生物，那里的压力是海平面的 1000 多倍。虽然漆黑的海洋底部不可能有光合作用，但这些深海平原上仍生存着许多动物，它们以有机碎屑为生，这些碎屑是从阳光充足、多产的远上方飘落下来的。成群的海参（一种半透明的管状动物，与海星有亲缘关系）有时会在海底穿行，搅动起成团的沉积物，这景象就如同大草原上有成百上万头野牛奔腾而过。然而在海底深处，食物仍然是稀缺的，再加上极低的温度，导致动物的数量非常稀少，生长速度也极其缓慢。不过，1977 年，研究人员偶然发现了一个令人震惊的特殊现象。这一发现彻底改变了生物学。

太平洋中部有一条长长的大裂谷横亘在地球表面，这是一个不断扩张的中心带，在这里，新的岩浆向上涌动形成新的海洋地壳，并迫使两边的构造板块分开。沿着这条海脊，科学家向位于科隆群岛附近 2.5 千米深的海底派遣了一支微型潜水器，结果在这片寒冷黑暗的"沙漠"中发现了一片丰饶的生命"绿洲"。在这里，海水通过破碎的地壳向下渗透，直至接近海脊下面炽热的岩浆库，致使温度变得过热，周围岩石中的矿物质也溶于热海水中，特别是铁和硫化物，直到饱和。受热后的海水被迫回流，从海底的部分热液喷口喷涌而出，温度接近 350℃。由于受到了深层水的强大压力，热海水才没有沸腾，但当与冷海水混合时，它就会迅速冷却，承载能力也会下降，许多溶解矿物质立刻沉淀出来。这就产生了由黑色粒子组成的巨大云状黑烟，因此这些喷口才有了"黑烟囱"的称谓。一些矿物质聚集在喷口周围，形成高高的烟囱，将热水从顶部排出（如图 2-1 所示）。有些黑烟囱会因自身的重量而发生倒塌，有些则长得非常巨大，比如华盛顿州海岸的"哥斯拉"黑烟囱，比 16 层的摩天大楼还高耸。

图 2-1　太平洋中部海底的一处黑烟囱

注：黑烟囱喷出大量还原性无机离子，神秘的无嘴管状蠕虫和其他许多生命聚居在这些喷口周围。

令科学家感到震惊的不是黑烟囱周围的地质状况，而是聚居在周围的形色各异的生命。灰白的螃蟹和小虾生活在较冷的海水中，以餐盘大小的巨大蛤蜊为食。据推测，这里的软体动物的生长速度比它们深海平原上的同类要快 300 倍，这说明热液喷口提供了大量能量。最令人感到震惊的生物是管状蠕虫，它们的外形看上去就像外星动物,头呈血红色,身长可达 1.5 米,属于科学史上的全新发现。热液喷口周围的生态系统非常古老。正如我们将在第 4 章探讨的那样,生命可能是在原始地球的热液喷口附近诞生的。一些管状蠕虫和蛤蜊被带离海洋进行了细致研究,获得的一些发现更增加了它们的神秘性。它们完全没有嘴或消化系统。它们是如何进食和生存的呢?这个奥秘在接下来的 4 年里一直没有被解开。实际上,答案就存在于共生关系,即两种不同生物体之间密切的联系中。

热液喷口周围富含从地壳内部带出来的还原性离子,这为位于喷口边缘的许多化能自养生物提供了充足的营养物质。这些生物必须是嗜热的(地球上最耐热的生物就生活在热液喷口周围,温度高达 121℃)。许多化能自养生物能够催化还原硫或铁化物的氧化反应,通过氧化还原反应释放能量,将大量的二氧化碳固定成所需的有机分子。管状蠕虫靠这些化能自养生物生存,但不是通过吃掉它们,而是通过一个特殊器官让它们寄生在一起,这个器官的大小几乎占了蠕虫体型的一半。管状蠕虫那血红色的头部的功能就相当于鳃,里面充满了血红蛋白(与人类血液中的非常相似,但它是独立形成的),能从水中吸收氧气和硫化氢。这些化学物质被传递给化能自养生物,后者催化氧化还原反应,为管状蠕虫提供营养物质,以此作为对提供庇护所和食物的报答。

科学家还发现了更为震惊的现象:小虾的背部有感光器官。然而,穿透海洋深处的阳光比到达海王星的还要少,这些动物的感光器官有何用呢?最可能的解释是,这些小虾凭此器官能感应到滚烫的热泉发出的微弱光芒,因而避免被烫伤。不过,这种观点还暗示了另一种可能性。如果动物能感应到这种微弱的光，那细胞能利用它进行光合作用吗？2005 年，研究人员在热液喷口的水样中确实收集到了光合细菌。目前，这方面的证据还不够充分，但是，如果生物体仅靠地热光就能生存，这本身开启了一种出人意料的能量来源的天体生物学。

在世界各地正在扩张的海脊地带，人们也发现了类似的热液喷口，尽管只有太平洋海底的那些热液喷口才聚居着大量巨型管状蠕虫和蛤蜊。每个热液喷口都有特定的化学成分、温度和流速。部分热海水与周围冷海水的混合过程非常温和，因此没有沉淀出云状黑烟。从天体生物学的角度而言，热液喷口可能代表着一种普遍的生命模式。嗜热化能自养生物可以在远离阳光的地方，仅靠无机氧化还原反应就能维持整个细菌和动物生态系统。不过，这种深海生物也间接地依赖光合作用，因为海洋中的溶解氧化能力主要来自上方水域中有阳光照射的植物。那些以热液喷口周围的矿物为食的生命完全依靠非生物氧化剂来运作，人们认为第一批细胞也是这样运作的。不过，这种低能量的运作模式将会严重限制生态系统的规模。实际上，任何拥有液态水海洋和内部热源的行星或卫星都可以提供这样的栖息地——一个夹杂在炽热的还原性地壳和冰冷的氧化水之间的地下生态系统。当我们讲述木卫二（木星的一颗冰封卫星）的情况时，会进一步探索这种可能性。

深层玄武岩含水层

虽然热液喷口周围的生命为地外生命提供了一种很有参考价值

的模型，但在地球上，它们的维持仍然部分依靠光合作用。然而，有一些生命是完全孤立的，完全不依赖阳光和有机物质。这种由化能自养生物驱动的生态系统为地球上其他地方的生命提供了一种最为普适的模式。

美国华盛顿州的哥伦比亚河盆地下面有一层厚厚的玄武岩，这些岩石是大约1000万年前的火山熔岩流经地表形成的。玄武岩富含还原铁，并与含水层的水发生缓慢的反应，释放出氢气。生活在玄武岩1千米左右深的化学自养古藻能够通过氧化氢，将释放的电子传递给溶解二氧化碳，从而固定它们，以获得全部能量。氧化还原反应的产物是水和甲烷气体，所以这些生物又被称为甲烷微生物。据认为，这些厌氧生物和以它们为食的异养菌完全不依赖氧气或光合作用产生的有机分子，因此被称为地下岩石营养微生物生态系统（SLiMEs）。这种生态系统的另一个优势是，它们不需要热液喷口那样活跃的地热系统，只需要一块具有还原性的火山岩。

生命竟然能延伸到地壳深处，这成了另一个备受关注的研究课题。位于地下数千米深处的岩石内部仍有微小的孔隙和裂缝，里面充满了水，其量大到足以滋生细菌。迄今为止，科学家对地壳进行的最深入的一次取样来自瑞典钻开的一口5.3千米深的井。即使在井的最底部，在岩石温度超过70℃的深度，也活跃着各种各样的异养细菌。因此，深度很可能不会成为生存的限制因素，只要所在环境的温度不会威胁到生命。已知的嗜热生物所能容忍的最高温度是121℃。由于各地地壳厚度有所不同，这一温度对应的深度也各不相同，在一些沉积岩地层中，这一深度可达10千米。

对于地下岩石营养微生物生态系统来说,细胞的生长速度极其缓慢,分布也很稀少,有些地方每克沉积岩中只有几千个细胞,大约是肥沃的表层土壤的百万分之一。但考虑到地壳的庞大体积,这些细胞加起来仍有可能构成惊人的生命物质总量。据研究人员估计,"地下深处的高温生物圈"内的生物数量超过了所有地表生物的总和。在许多情况下,地下裂隙是一种理想的栖息地——它们恒常的环境提供了一种稳定的化学能流(尽管略有限制),而且可以抵御紫外线或高能宇宙辐射,除了最具毁灭性的灾难外,所有这些条件都保护了居住其中的细胞。即使发生大撞击事件或全球被冰封,地下深处的高温生物圈也不会受到影响。

据认为,玄武岩、水和可溶性二氧化碳是任何具有火山活动的类地行星或卫星上的常见物质。许多人认为,地下岩石营养微生物生态系统模型很有可能也适用于地外生命。这一观点的前提是生命已经发生进化。我们目前还不清楚生命能否在这样的环境中诞生,而不仅是迁移至此。据认为,火星的地下深处也存在这种生态系统。火星上的表层岩石因撞击事件发生了严重破裂,地下被认为充满了饱含冰的孔隙。这些永久冻土会在地热作用下融化,并与玄武岩发生反应。地球上能够代谢氢的占生菌会释放甲烷,而最近人们在火星上发现了有趣的甲烷云状物。这可能是火星地下岩石营养微生物生态系统的特征吗?我们将在第 5 章讨论这种可能性。

地球的生物圈是覆盖在地球表面的一层薄如蝉翼的膜,下临地幔中足以融化岩石的高温,上接太空的寒冷真空。无论是在下至地壳 5 千米深的岩石层中,还是在上至 40 千米高的稀薄大气层中,我们都发现了细胞。然而，即使生存于地球上的栖息地内，生物也要应对各种各样的危机。极端微生物能够在沸腾的酸液中、冰冻的盐水中和地下深处茁壮成长，以岩石中冒出的气体为生。那么，极端的边界在哪里呢？生命能忍受多恶劣的环境并继续生长？生命能暴露在外太空吗？接下来，我们来看看这种可能性，看看细胞是如何在行星之间迁移的。

泛种论

"泛种论"的直观意思是"宇宙中的种子无处不在"，这一理论首次进入大众视野是在20世纪初。人们认为，顽强的微小细胞可以借助恒星的辐射压力散播到整个星系，比如细菌孢子。这个观点不再受青睐，因为没有保护屏障的细胞根本无法在星际航行所需的万亿年里存活下来。不过，从本质上来说，这个观点可以延伸为细胞可以通过陨石在行星和卫星之间传递。最近，这一观点被重新提及，人们正在收集令人深受鼓舞的相关证据。

从本质上来讲，细胞要想在两个星球之间生存下来，必须克服三个障碍：第一，附在陨石中从母星被抛出；第二，在前往另一个星球的途中以及进入大气层时，克服裸露其中的恶劣的太空环境；第三，抵达目标行星。根据对每个阶段所进行的计算和实验表明，泛种论具有一定的合理性。

最初，人们认为，从行星上发射出去的细胞是不可能存活下来的。只有撞击释放出的能量足够高,目标陨石碎片才能以足够快的速度被抛出行星表面,穿过大气层,摆脱行星的引力,进入星际空间。不过,这种猛烈的撞击会将大量热量传递到地面,导致地表上的所有液态水瞬间沸腾,并释放出巨大的压力脉冲,冲击坚硬的岩石,震碎附近的所有生命。实际上,远离行星所需的加速度也足以将任何细胞压扁。对于离撞击点最近的地面来说,情况确实如此,不过,通过数学分析,研究人员发现了一个有趣的周边区域——散裂区。

沿着地壳向下传递的压力脉冲被折射回地表时,会遇到从撞击点侧面发出的强烈冲击波,此时两种力合二为一,在相遇的区域产生破坏性的扰动,然后抵消大部分的强压力。如果你将一块石头扔进池塘,就可以看到一模一样的过程。在一些地方,两个波峰会重合在一起,而在另一些地方,波峰和波谷会合力开凿出平静的水域。在散裂区,一些岩石在未受巨大冲击的情况下会以高速被抛向太空。如果撞击体以另外一种方式撞击地表,那么这个过程将更有效率,这种方式便是:以掠射角撞向地面,撞击上方的大部分岩石相对无损地向外爆发,一次这样的撞击就能将数百万吨表面岩石抛向太空。非常短暂的热脉冲不会穿透整个巨大的岩石,因此中心隔离带的细菌将安然无恙。地球上已经发现了几块火星岩石,它们就是通过这种方式被抛射而来的。

据分析,这些岩石受到的脉冲压力较小,内部升温不超过100℃。研究人员已经通过实验解决了活细胞能否在这些条件下存活的问题。这个实验便是,首先将多孔球团矿与细菌浸泡在一起,然后以时速将近 20 万千米的极高速度将球团矿发射向硬物。在这种毁灭性的撞击过程中，细胞受到了巨大的减速力的作用，只有百万分之一到万分之一的细菌才能恢复生机并继续生长。这意味着，地表岩石中的部分"居民"在被强力抛射向太空时，也能从这种毁灭性的历程中幸存下来。

一旦离开了家园，细菌"偷渡者"的情况就会变得更加糟糕。太空环境非常恶劣，而且与任何陆地基地都相距甚远。这里极其寒冷，近乎完全的真空，辐射弥漫，一切都处于自由落体中。对于细胞的运作来说，失重似乎不是主要问题，低温也不是，许多生物体仍旧能在低温环境中毫发无损地存活下来。实际上，辐射才是主要的限制因素：紫外线可以在几分钟内杀死没有保护屏障的细胞，而且真空的极度干燥更是加剧了这种危险。诚然，仅有几毫米厚的岩石过滤器足以保护南极洲的隐藏岩内生物，但来自太阳耀斑和超新星的高能粒子辐射却没有这么容易应对，这是整个银河系面对的一大问题。地球的磁场和厚厚的大气层保护了地表生命免受这种辐射的影响，而飘荡在太空中的陨石里的细菌则需要几米厚的固体岩石才能完全屏蔽这类辐射。

这些高能粒子束会稳步地降解处于休眠状态的细胞中的脆弱分子，因此在规定的时间内，陨石必须在所有细胞被杀死之前降落到另一颗行星上。此外，由真空造成的极端干燥也会破坏细胞的分子结构。细胞内的碳水化合物、蛋白质和 DNA 将进行不可逆的交叉耦合，与牛排煎烤时发生的褐变反应同理。研究人员对所有这些因素都进行了测试，所用的方法是将活细胞发射到轨道上并使其暴露在太空环境中。正如预期的那样，对紫外线辐射完全没有抵御能力的细胞几乎立即死亡，不过有一部分细胞因为有一些最低程度的保护屏障，在历经 6 年的任务中存活了下来，即使这层屏障只是上面几层死去的细胞。

假设细胞对太空中的辐射拥有足够强的抵御能力，它们能否在陨石坠落到另一颗星球之前保持足够长的休眠状态？若想在火星与地球之间进行迁移，陨石的轨道一般需要 1500 万年的时间才会逐渐发生变化，直到它开始穿越地球轨道。根据一些模拟演示，有小部分陨石会被抛射到直达轨道，只需几千年的时间就能到达，但总的来说，若想泛种论成为可能，细菌必须能够在太空中生存数千年。

事实证明，细菌非常擅长休眠。当环境变得太过寒冷、干燥，或是食物被耗尽时，许多细菌就会变成拥有复原能力的孢子，比如土壤中常见的细菌。这种形如胶囊的干孢子有一层坚硬的保护壳，里面的 DNA 由特殊的蛋白质固定。这些孢子对辐射、真空、极端温度和有害化学物质等具有非常强的抵抗力，一旦周围环境再次变得有利，它们就会苏醒。其他的原核生物，甚至一些真核生物，比如缓步动物，可以在生长和新陈代谢暂停的状态下休眠很长时间。一些细胞在休眠了成千上万年的时间后仍能苏醒，这着实令人震惊不已。比如，埃及古墓中休眠了 3500 年的干孢子苏醒了，被冰冻了大约 50 万年的嗜冷菌苏醒了，来自 4000 万年前的琥珀中的细菌也苏醒了。在所有这些能长时间休眠的生物中，最为古老的可能是从北海深处的一个大型盐矿床中分离出来的嗜盐生物样本。这些沉积物是由湖泊蒸发沉淀形成的,时间发生在整个欧洲还处于赤道附近的时候。这些细菌被从困在晶体中的古老液体里提取出来了,已经苏醒。如果这些细胞和岩石一样古老,那么它们应该休眠了2.5亿年,这一点令人匪夷所思,也充满争论。总而言之,潜伏在适当大小的岩石核心的休眠细胞或孢子确实有可能在太空中存活更长的时间。

最后一个障碍是实际到达的情况。在很多方面,安全抵达一颗新行星的难度也预示着离开此地的难度。如果这颗行星有着厚厚的大气层,那么当陨石垂直坠落时,表面会因空气摩擦而快速升温,变为一颗流星。不过,那些为细胞提供了抗辐射屏蔽的较大陨石能在进入大气层的几秒钟内保护它们不受高温的影响,陨石的大部分面积将细菌安全地隔离在内部深处,即使外部被熔成焦壳。为了验证这一点,科学家将浸泡过细菌的火山岩和沉积岩碎片嵌入卫星的防热罩中。结果发现,岩石基本上完好无损,但生物样本却脱落殆尽,因此没有幸存者可供分析。科学家正在计划另一项相关实验。

陨石坠落是一个急剧减速的过程,当陨石撞击地面时,会产生巨大的冲击波。我们已经知道,有部分细胞能在这种剧烈事件中幸存下来,尤其当陨石落入冰雪或海洋中时。虽然较小的陨石的抗辐射时长有限,但正因为小巧的体积,它们在穿过大气层时不会因空气摩擦而导致温度剧增,落地也轻一些。

计算表明,行星之间的陨石互迁现象很是常见。例如,自从太阳系形成以来,已经有超过10亿个直径小于几米的陨石碎片在没有过度加热或受冲击的情况下从火星上抛射出去,这其中有 5% 的陨石大概在 800 万年之内到达了地球。目前,我们已经发现了大约 40 个这样的"星际移民"。这其中有一个充满争议的"移民",它有一个平平无奇的名字——ALH84001,我将在第 5 章讲述它的故事。如果进行反向迁移,也就是从地球迁往火星,陨石的数量会少百倍,因为地球的引力比火星更大。如果生命确实很早就在内行星(火星、金星、地球)上出现,那么当内行星受到频繁的撞击时,就会有大量的细胞交叉受精。相比于岩石裂隙,陨石中的细菌落在冰雪中的存活率要高得多,因此,向气态巨行星的卫星上迁移是值得考虑的,即使将一块岩石抛射至外太阳系这么远的地方绝非易事,即使在这条航线上交换生命的可能性要小 100 万倍。

  对于陨石上的生物体来说,泛种论的这三个阶段,即抛射、迁移和到达,意味着极低的存活率。每个生物体活着结束航行的概率可能只有一亿分之一,从彩票头奖的角度来说,这种概率实属正常,但从母星抛射出来的每一块陨石都可能拥有数十亿张彩票。玄武岩深处的裂隙中发现的岩内自养细胞,密度高达每千克 1 亿个,而岩石表面孢子的丰度则高出 1000 倍。即使是被抛射至太空的一小块地壳也布满生命。只要有一个细菌能在星际旅行中存活下来,苏醒过来,然后生长、分裂并扩散到陨石坑之外,那么它的后代就能让整个新世界欣欣向荣。

LIFE IN THE UNIVERSE

A BEGINNER'S GUIDE

03
一个适宜生命居住的宇宙如何形成

生命诞生之初

138亿年前,年轻的宇宙一片漆黑。宇宙大爆炸留下的烙印伴随着宇宙的膨胀渐渐消散。最初爆炸的纯能量逐渐冷凝,形成亚原子粒子。大爆炸发生的第一分钟形成的质子、电子和中子组合形成最简单的元素。大爆炸主要产生了氢元素、一些氦元素和微量的锂元素。元素周期表列出了我们在地球上已经发现的90多种天然元素,周期表上前三个表格列出的是宇宙大爆炸后残留的元素。重元素支撑着生命的存在,它们不仅可以构造复杂的聚合物,比如DNA或者蛋白质,还可以构建岩石行星或者卫星,为生命提供家园。早期的宇宙不仅完全无菌,而且非常简单,在原子层面提供了孕育生命的基本元素。

宇宙大爆炸在质量分布上留下了深深的印痕,一缕缕薄薄的物质飘荡在黑暗、虚空的巨大空间中。当时,这些游丝般的物质在重力的作用下坍缩,形成一系列星系。在星系内,巨大的气体云坍缩,变得越来越热,然后开始核聚变反应,随后宇宙便出现了自诞生以来的第一道曙光。在宇宙诞生之后的第一个 10 亿年，诞生了第一批最早的恒星。

第一代恒星核心的强大热量和压力迫使原子核聚集在一起。这个被称为核聚变的过程会释放出巨大的能量，使恒星熊熊燃烧起来，更为重要的是，这为未来生命的出现带来了希望，因为核聚变反应利用大爆炸产生的原始物质创造出了重元素。对生命至关重要的原子诞生于第一代恒星的核心。第一代恒星是最早的"炼金术士"，将氢转换成元素周期表上及人类未知的全部元素。

氢原子核只有一个质子，当两个氢原子核挤压在一起时，就会形成具有两个质子的氦原子核。当恒星核心开始动用氢燃料时，核聚变反应才开始进行。恒星有个具有氦核余烬的核心，外层包裹着一层氢，因此才能熊熊燃烧。核聚变反应向外产生的压力使恒星外层的质量出现失衡，又迫使核心进一步坍缩，产生更高的温度和压力。当恒星的核心收缩时，外层大气逐渐膨胀，变成一个比太阳大数百倍的臃肿恒星，但表面温度比较低。这类被称为红巨星的中年恒星，核心温度大约为 $1 \times 10^8 ℃$。在这样的温度下，氦开始融合。三个氦原子核（有时被称为阿尔法粒子）融合在一起产生碳，这个过程被称为三氦反应，再加一个氦原子便可以将碳转化为氧。

三氦反应值得我们做更详尽的阐述。由于参与反应的能量几乎完全等于碳的激发态能量，因此第三个氦原子核的加入大大增加了反应产生的能量。这就是所谓的共振，核聚变反应产生碳的速度远超其他反应。在宇宙中，这种能级上的对应现象出现的概率非常低。如果一些物理常量出现些许微小的差异，也许恒星就不会制造出碳。在某些方面，宇宙好像是专门为生命打造的——微调一些特定因素，合成碳，诞生生命。不过，这并不意味着宇宙的存在是出于任何有目的的设计，它仅仅出自观测上的偏差。如果宇宙的规则略有不同，也许就不会合成碳，那么生命也就不可能形成，我们也看不到如此独特的宇宙。我们不应惊讶于宇宙的出现，它已经规划好了生命的诞生和进化，而我们无法感知到这些，这就是人择原理的观点。

氦燃烧的过程虽然很缓慢，但不会持续很久，当它耗尽时会开始新的核聚变反应。此时恒星的结构就像一个热洋葱，核心是碳和氧，外层包裹着氦壳与氢层。红巨星的核心会被进一步压缩，进行新的核反应，进而产生硅、硫等元素，有些甚至会产生拥有26个质子的铁元素。恒星的核聚变反应进行到铁元素就终止了，因为铁核心太过于稳定，核聚变反应无法再释放更多能量。铁核心最终会扼杀恒星：沉重的外层不断挤压核心，但这种挤压不会再被新聚变反应产生的向外压力抵消。此时恒星会继续坍缩直至内部压力达到顶点，这时核心内部的电子和质子会被迫聚集到一起，核心无法再被压缩，所产生的巨大热量导致恒星引燃恒星外层，猛烈向外冲击，从而使恒星以超新星爆发的形式结束自己的生命。在这短暂的死亡瞬间，星系边缘的超新星以最闪耀的光芒照亮了自己。这样的事件异常剧烈，是核聚变反应最后的告别，铁核也参与了反应，最终形成宇宙中最重的元素。恒星的外壳被抛掷到宇宙中，与生命息息相关的重元素也随之飘荡到星际空间。一个氧原子和两个氢原子结合，便形成了我们所熟悉的水，这就是水的化学式。毫不夸张地说，水是代表生命的液体，就这样，最早的一批恒星使星系变得湿润起来。像铜和碘这样的新元素被用于构筑陆地生物。需要注意的是，非常重的元素的同位素具有不稳定的放射性，像铀这样的放射性元素不能直接被用于构建生命分子，不过，它们对岩石行星的发展起到了至关重要的作用。放射性作用可以促进火山运动和地球板块构造运动，甚至可以产生生命赖以生存的新元素。

第一代恒星极其庞大，比太阳大数百倍。这类恒星以惊人的速度消耗核燃料，并迅速耗尽资源，使自己处于爆发的边界。第一代恒星的寿命通常只有几百万年，这样的周期比猩猩进化成人类的时间还要短。恒星爆发产生的物质在星际空间漂浮，之后聚集在一起形成疏松的气体云、星尘以及尘埃。这些携带着较重元素的气体云在引力的作用下坍缩，形成新恒星。这个过程会经历好几轮，每一代恒星通过核聚变反应的烈焰处理气体，就这样，星系中的元素变得越来越丰富多样，进而催生更多有趣的化学反应。最新诞生的恒星所含的重元素大为升高，被称为富金属恒星。

太阳正是这类恒星中的一员。太阳系是由携带着重元素的星云形成的，准确地来说，包括人类在内的所有生命都来自星尘，这些星尘也构成了地球的岩石、海洋和空气。事实上，组成我们身体的小部分氢原子不是来自我们所在的星系，而是来自超新星爆发后抛洒到宇宙空间的一些物质，它们恰好飘落到了银河系。比如，仙女座星系的氢元素飘向银河系，并融入星云之中。因此，我们不仅是星尘之子，而且称得上是星系生命。

宇宙中的第一代恒星产生了对生命至关重要的 6 种元素，分别是碳、氢、氮、氧、磷、硫，根据每个元素的首字母被简写为"CHNOPS"，钠与其他金属元素对生命也同样重要，不过，它们的含量很低。细胞是由有机分子构成的，比如，可以组成蛋白质的氨基酸，DNA 或者 RNA 的核苷酸碱基，以及一些简单的糖类。事实证明，我们可以在星系中找到这些有机分子的踪影。

宇宙烹调

超新星爆发产生的星云非常庞大，所含的质量可以创造数百万颗太阳级别的恒星。星云中含有 99% 的气体和少量固体——微尘粒和冰晶。气体的主要成分是氢，经过前几代恒星的核聚变反应，才产生了像碳、氧、氮这样的元素。历经数千年的岁月，这些孤独的原子结合在一起形成简单的化合物，比如水、一氧化碳、氨和羟基。

第一代恒星诞生于星云之中，并在星云内部熠熠生辉。猎户之剑中心的猎户座大星云因含有氢而发出鲜红的光芒。这些炽热的年轻恒星会发出耀眼的光芒，光波中的紫外线被分子吸收，之后与银河辐射结合在一起，使分子变得更加活跃。很多有趣的宇宙化学事件发生在新生恒星周边的致密区域，那里的温度接近 -170 ℃。固体粒子虽然在分子云总质量中占比很小，但在天体化学方面具有重要的作用。反应性化学物质可以吸附在固体表面，作为催化剂来促进不同分子参与反应。

分子不停地在气态与固态之间循环，接着蒸发并漂浮在星云中，然后被重新吸附在冰尘颗粒上。这种颗粒屏蔽了来自成熟恒星的过多热量或紫外线辐射，有效地保护了星云内部。紫外线是一把双刃剑，它既能让简单的分子紧密地结合在一起，又能破坏复杂的分子。

随着时间的推移，越来越多的复杂有机分子在星云中形成，不过含量不足氢含量的千分之一。天文学家检测到了大约130种不同的分子，其中最复杂的分子包含的原子多达13个。其中许多分子对地球海洋的前生命化学过程来说非常重要，包括氨、甲醛和氰化氢。星云中最普遍存在的有机分子是多环芳烃，这是一类分子中含有两个或两个以上苯环的碳氢化合物，比如带有樟脑丸那种独特气味的萘，它们是从汽车尾气烟尘颗粒中逃逸出的一种化合物，对陆地生命不太重要。多环芳烃很容易被转换成卟啉和醌类化合物，它们构成了许多生物分子的金属核心，比如代谢酶、叶绿素及血红蛋白的活性中心、电子传输链的组成成分。这些前体的形成为地球生命的发展奠定了基础。

我们虽然在气体云和尘埃中发现了许多不同的简单有机分子，但仍旧没有检测到比这些分子更复杂的物质，哪怕是最简单的氨基酸。或许这些复杂的化合物很难找到，因为它们的含量稀少，深藏于气体云深处，并被紫外线保护着。我们在实验室中重建了一个具有冷气体、尘埃粒子和星云水平紫外线的环境，结果发现产生了甘氨酸、丙氨酸和丝氨酸，它们是地球生物体内蛋白质中含量最多的三种氨基酸，可以人工制造出来。然而，最能证明复杂有机物的起源的是来自特定类型的太空岩石。

碳质球粒陨石是来自小行星带的一类岩石，它们含有百分之几的碳化合物，被认为是行星形成时留下来的原始遗骸。1969年落在澳大利亚的默奇森陨石便是其中之一。据分析，它含有的有机分子之多令人震惊，包括各类糖，DNA和RNA所含的5种核酸碱基，还有脂肪酸链，后者与水在适当的条件下会结合，自发形成与细菌差不多大小的中空囊泡，里面含有多达70种氨基酸，这是最令人惊讶的。地球上的蛋白质由20种不同的氨基酸构成，默奇森陨石中就有其中的6种，而发现的绝大多数氨基酸是地球上的生命所没有的。不过，这些发现并不是令人非常信服，因为降落到地面的陨石有可能被地面物质污染，混入了一些有机物质。岩石中的糖和氨基酸都是对映异构体，正如我在第1章所讲述的，这是非生物化学反应的迹象。地球生命的酶只能产生一种有机分子的对映异构体。有趣的是，默奇森陨石中的氨基酸倾向左旋对映异构体，虽然这种倾向很轻微。目前，我们尚不清楚为何出现这种偏置，并且很好奇为何地球上存在着更有利于生命的另一种对映异构体。一种理论认为，在太阳系诞生之前，星系内形成的复杂氨基酸受到了邻近恒星紫外线的极化。如果情况属实，那么地球生命细胞内展示的对映异构体偏置有可能是远古星光的一道印迹。

对于天体生物学来说，银河是一个非常鼓舞人心的研究方向，陆地生物化学的构成要素弥漫于整个宇宙空间。那么这些原材料是如何到达地球的呢？这是我们下一章要讨论的主题。接下来，我们看看什么样的星球能为生命物质提供原生汤。

一个宜居的世界如何形成

正如我在第 1 章所介绍的,液态水被认为是生命的必需品。地球上几乎每一片湿润的角落都是原核生物的地盘。虽然只有水不足以让生命发生进化,但它是一个重要的先决条件。一个世界的生命若想得到进化,首先必须有广泛分布的液态水,而若想达到这一条件,首先必须有一颗拥有炽热核心、稠密大气层和表层海洋的岩石行星——类地行星。接下来,我们详细探讨一下类地生命的诞生可能需要哪些条件。

决定地表水是否为液态的因素包括地球的表面温度和压力。根据水的特征,我们绘制了一幅关于水的状态分布曲线图,如图 3-1 所示。曲线图下部分是一个大气压,也就是地球海平面的大气压。横坐标表示的是随着温度的上升而变化的水流。水的温度低于 0℃ 时为固态,超过 0℃ 时会融化,达到 100℃ 时会沸腾。如果压力增加,比如在海洋底部,水的温度就会超过 300℃,但依然为液态。此外,如果你将压力降低到三相点(在这个点的温度与压力下,水的三相——气态水、液态水、固态水,可以共存)以下,水就不是液态的,而是直接从固态升华为气态。这是火星目前的情况,我们将在第 5 章探讨这一情况意味着什么。

假设存在这样一颗星球,它有着像地球一样的稠密大气层,那么在什么样的温度范围内才会存在液态水?星球的表面温度很大程度上取决于这颗星球离它的恒星有多近。如果离得太近,温度太高,水就会汽化;如果离得太远,水就长年处于固态状态,无法展现生物功能。允许液态水存在的地带被称为恒星的宜居带,这个地带看起来就像一个围绕着恒星的薄薄的指环,其中的行星必须围绕着恒星旋转。生命的存在需要一个不太热也不太冷、温度恰到好处的行星,这被称为"金发姑娘原则"。这些非常简单的外表因素决定了行星上是否存在液态水。行星的大气在调控表面温度和压力方面发挥着巨大作用。

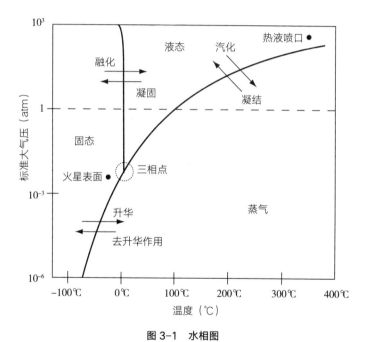

图 3-1　水相图

注:水相图显示了在一定温度和压力下,水是液体的,低于三相点的水不稳定,可以直接从固态升华为气态。

稠密的大气层有效地保护了地球表面。空气中的二氧化碳、甲烷和水蒸气作为温室气体，使太阳光中的可见光通过大气层加热地表，让地表发出红外线或者产生热辐射。不过，这些气体只吸收太阳光中较短波长的光线，来使地表获得热量。从原则上来说，由玻璃面板造成的温室花园也可以通过这种方式获得热量。温室效应是完全健康的行星系统必须具备的部分。如果没有温室效应，地球表面不可能有生命存在，当平均温度比现在低 30℃时，地表会成为一片冰冻的荒原。然而问题是，当前人类将过多的二氧化碳排放到大气中，这可能会导致当前稳定的气候产生变化。

地球上的碳循环

大气中的二氧化碳不是静止不动的，而是无时无刻不在参与岩石、水体和空气之间的碳循环，后者被称为碳酸盐 - 硅酸盐循环。

二氧化碳溶解于水会形成一种弱酸——碳酸，这种酸可以风化硅酸岩石，形成矿物质碳酸钙或者白垩。这些岩石沉积在海洋底部，可以有效地锁定碳。然而，一旦碳返回大气中，二氧化碳便会在数亿年内从大气层中消失。这对气候来说是灾难性的，当温室气体消失时，地球就会被冻结。地球板块运动为这种周期性的碳酸盐 - 硅酸盐循环提供了运动契机。

当大洋中脊缓慢地向外迁移时，会产生新的地壳，并累积一层厚厚的含碳沉淀物。之后，新的地壳将被无情地推向俯冲地带，被强行向下挤压，从而在炽热的地幔中熔化。这样，二氧化碳被再次释放，通过火山喷发排入大气中。绝大部分地壳需要大约 1.5 亿年的时间才能完成这一循环，稳步地将二氧化碳重新排放到大气中。

最为重要的是，这种特定元素的循环是自行调节的。硅酸岩石风化形成白垩的速度取决于温度。气候越暖和，就会有越多的二氧化碳从大气中排放出去，从而降低温室效应。当气候变得寒冷时，这个过程将进行得很缓慢，二氧化碳逐渐累积，温度会慢慢升高。这种负反馈会自动控制二氧化碳的水平，就如同地球有一个恒温器，它可以非常谨慎地调节全球气候。海洋不仅提供了生命生存的环境，而且在控制温度、腐蚀硅酸盐岩石、润滑板块运动等方面也发挥着重要作用。

恒星的宜居带是由恒星的亮度和碳酸盐 - 硅酸盐循环调控之下的行星大气的绝缘特性之间的复杂作用决定的。液态水海洋和空气中的二氧化碳对气候控制系统的运作非常重要，这两个因素决定了宜居带内部与外部的环境状态。图 7-1 显示了不同类型恒星宜居带的位置与宽度，我们将在第 7 章介绍相关重点。

失控的温室效应与冰川

温室气体的消失会降低行星的表面温度，不过，这一现象也就只能引发这一种结果。如果行星太热，水蒸气这样的大量温室气体就会挥发到空气中。不像二氧化碳，水蒸气不受反馈机制的控制，因此行星的环境会变得越来越热。当海洋被蒸发干时，大气中就充满了水蒸气。如果没有水的润滑作用,板块构造的传送也会戛然而止,暴露在地表的碳酸盐岩石会在高温下分解,释放出二氧化碳。由于受到来自恒星的紫外线的光解作用,大气高处的水蒸气和较轻的氢气将完全脱离行星的引力而逸出。行星存留的水就这样永远消失了,而水具备孕育生命的潜力。紧邻恒星对行星来说是灾难性的,失控的温室效应则规定了宜居带的内部上限。

如果行星离恒星太远,就无法提供足够的热量,即使这颗行星拥有稠密的大气层。结果便是,海洋将被冻结,行星表面开始出现大片纯白色的永冻区,这会更有效地反射来自恒星的热量,导致全球温度迅速下降,甚至连二氧化碳也会被冻结。当这种重要的温室气体像霜一样沉积在地面上时,恢复气候的所有希望也就破灭了。因此,失控的冰川规定了宜居带的外部上限。

一颗行星若想保持适宜的条件,诞生生命,它必须小心翼翼地绕开失控的温室效应和冰川这双重危险。在过去的40亿年里,地球卓有成效地控制了冰川的形成。科学家和计算机模型基于各种因素计算了太阳系宜居带的范围,预计结果为:大至 $0.7 \sim 1.2$ 天文单位,小至 $0.958 \sim 1.004$ 天文单位之间。无论是哪种范围,环绕恒星的宜居带薄如一把刀,地球若处于刀口位置,未来将岌岌可危。

行星运行的轨道类型也很重要。地球围绕太阳旋转的轨道近乎圆形。如果行星的运行轨道是椭圆形的,那么它会在近轨道向恒星俯冲而去,然后又向远方离去。这样的行星能否让生命持续存在呢？这一点暂且不说，椭圆形轨道会使行星靠近其他天体而受其引力影响，可能会被抛出宜居带。这样的偏心轨道还可能造成恶劣的气候问题。因为运行轨道是椭圆形的，这类行星的一部分轨道处于失控的温室效应边缘，而其他部分则处于失控的冰川世界边缘。即使整个轨道依旧位于宜居带内，热量输入的剧烈波动也可能会造成不稳定的气候环境，破坏生命所需的稳定条件。不过，海洋可以起到有效缓冲温度的作用，在夏季储存多余的热量，而当行星处于离恒星较远的轨道上时再释放这些热量。

宜居带行星所属太阳系的未来走向也会影响宜居带的存续。宜居带的范围不是静止不变的，而是会随着恒星的成长与温度的稳步上升而发生变化。随着时间的推移，围绕恒星的安全地带会向外围移动。比如在地球的历史上，太阳的亮度增加了约25%，但全球平均气温却始终保持不变，这是由于存在碳酸盐-硅酸盐循环这样的负反馈机制。然而，这种负反馈机制的作用非常有限。在地球未来的某个时期，步入老年的太阳会变得更亮，地球的宜居带将会消失，大气温控器将失灵，进而造成残酷的、不可控的温室效应。不过，在接下来的10亿年内或者更久远的时间，地球不会面临这样的命运。恒星增亮的速率取决于它们自身的大小，恒星越大，就会越快地消耗自身的能量，因此行星将很快滑出宜居带。若想拥有长久稳定的宜居带，行星不仅要在正确的轨道上运行，而且其恒星必须具有很长的寿命。围绕比太阳质量大20%左右的恒星运行的类地行星不可能有足够的时间进化出生命。虽然比太阳小很多的恒星的燃烧速度很缓慢，能提供足够的时间来孕育生命，但这样的冰冷恒星有许多自身的问题，我们将在第7章讨论这个问题。目前，我们还不清楚这些恒星能否被纳入天体生物学的研究目标。

当围绕恒星运动的宜居行星具有稳定的轨道时，行星的大小就成了决定生命能否形成的主要因素。

大小适宜的行星

在某些方面，地球在太阳系这个大家庭中显得有点儿古怪。它是太阳系中最大的岩石行星，也是唯一一颗可供检测、具有全球性生态系统的行星。迄今为止，我们比较了解的星系只有太阳系，但不确定生命出现在地球上仅仅是一种巧合，还是因为它足够大才孕育出了生命。基于一些合理的理由，天体生物学家认为，生命的发展需要有与地球的质量相仿的行星。

一颗质量比地球小很多的行星没有强大的引力，无法捕获稠密的大气层为生命的进化提供恒久的时光。稀薄的大气层只能提供有限的温室效应，较低的空气压力将会限制水温的变化。因此，这样的小行星难以为生命的进化长期地提供液态水。此外，小行星很快会失去内部热量。地球的核心在形成之后依然非常炽热，地幔属于流体，足以使板块发生位移。地热为地球进行持续、活跃的火山运动提供了保障。板块构造和火山运动对碳酸盐－硅酸盐循环的进行至关重要，从而保持了全球气温的稳定。

地球炽热的核心还有一个重要功能：核心内部滚滚翻腾的铁会

产生强大的磁场。这种磁场直抵大气层顶部，安全地偏转了太阳风（来自太阳表面的快速粒子流）。如果没有磁场的保护，太阳风会缓慢而稳步地吹走大气层。据推测，火星之所以失去了大量的原生气体和部分水分，主要原因是在它形成之后，磁场几乎失效了。因此，一颗拥有稀薄的大气层和冰冷核心的行星更容易遭遇冰川的威胁。

非常小的行星也无法长久地保持炽热状态，从而创建差异化的内部结构。地球的内部具有分层结构，像铁和镍这类最重的元素沉淀在地核，被含有熔融硅酸盐岩石的地幔包裹在里面，再上面则是薄而坚实的地壳。来自超新星核心的沉重而不稳定的铀以及钍或钾的放射性同位素衰变会释放出巨大的热量，驱动板块构造和火山运动。一颗行星若想保持长久活跃的地热，这些放射性元素必须集中在行星的核心，否则它们释放的热量也会迅速消散。

一颗比地球质量小的行星在孕育生命的过程中会面临很多问题。首先，因为引力比较小，坚硬厚实的地壳会致使高耸的山脉拔地而起，而大气和水分的流失意味着该行星的地表非常寒冷，海洋很浅。这样的世界可能会惨遭失控的冰川这样的厄运。而一颗比地球巨大的行星在孕育生命的过程中将会面临两个问题。首先，大型行星具有炽热的内核，这意味着火山运动将会非常沃跃，导致温室气体源源不断地排入大气中，进而导致地表温度过高（引力越大，行星的大气层越稠密，温度也越高）；其次，这样的行星也可能遇到与自身地理环境相关的麻烦。拥有较热的地核还意味着薄而软的地壳，当这种状态遇上强大的引力时，会导致地壳产生光滑的表面，从而减弱地表的缓冲作用。引力过大（和可能的强磁场）则意味着大气和水分几乎不会流失。这些条件有助于形成遍布全球、几乎没有陆地的幽深海洋。而全球性的海洋则意味着缺少裸露的岩石，硅酸盐的侵蚀率非常低，这样碳酸盐-硅酸盐循环将被中断，不再有效地移除大气中的二氧化碳，这将导致二氧化碳含量不可避免地稳步上升。因此，大型的类地行星为不可控的温室效应的形成提供了绝佳条件，而这一效应最终将煮沸海洋，使其蒸发，清除地表可能存在的任何生命。

因此，恒星宜居带和行星大气的状态（行星的大气主要取决于行星的质量）有着密切的联系。地球的两个近邻行星金星和火星完美地说明了这一点。

金星被一层厚厚的二氧化碳笼罩着，导致其表面异常炎热、干燥。这是温室效应失控的一个显著例子。而火星的大气层稀薄如纸，表面极其寒冷，不难推断出，这里最容易出现冰川失控的现象。如果在太阳系诞生时，这两颗行星互换位置，较小的火星离太阳更近，而金星距离太阳比地球更远，那么它们的发展结果可能截然不同。尽管火星的大气层不断变薄，火山活动也减少了，但它可能仍保持了足够高的温度，使其表面存有海洋，而金星可能永远无法超越导致温室效应失控的阈值。太阳系可能曾经还有一个由三颗宜居行星组成的家族，而不仅仅是地球。

月 球

对于生命，特别是多细胞动物的生存来说，地球还有一个得天独厚且至关重要的特殊因素，那就是它具有内行星中最大的卫星——月球。水星和金星都没有卫星，火星的两颗伴星火卫一和火卫二被认为不是真正的卫星，而是被捕获的小行星。火卫一所处的轨道很不稳定，而且正在衰变，由于动量的减少，它正以螺旋形的方式向这颗红色星球飞去。计算表明，大约在 4000 万年的时间内，火卫一将会掠过火星大气层的上方，然后坠落。这种事件如果发生在地球上，将为生命带来难以想象的灾难。

关于月球，还有一个不可思议的巧合：在天空中，它看起来几乎和太阳一样大。这意味着地球是整个太阳系中唯一一个可以观测到日全食的地方。当发生日全食时，月球边缘会出现一个典型的"火圈"，我们通过它可以观测到太阳的上层大气。如果说月球对复杂生命的生存至关重要，那么指的就是它与地球之间的潮汐效应。相比于太阳的引力作用，月球引起的海水涨落更为明显，这就可以证明，它的表观面积必须与太阳相当，甚至更大。

月球的重要性主要在于它的引力稳定了地球的自转。昼夜交替是由地球绕着地轴不断旋转造成的。这个轴与地球轨道不是垂直的，而是倾斜了 24 度。虽然太阳与气态巨行星木星和土星之间的引力拉锯战对倾斜度具有一定的影响，但起决定性作用的是附近的月球，它使地球的倾斜更加稳定。有证据表明，在过去，火星的倾斜度与地球的倾斜度非常相似，都为 60 度。如果没有月球，地球将会无规则地摇摆，倾斜度可接近 85 度。我们对这种倾斜可能会产生的影响知之甚少。研究人员通过计算机模拟了在没有月球影响下的气候状况，结果显示，气候将会变得极其混乱，整个地球会逐渐倒转，直到两极几乎处于同一水平线上。在近一年的时间里，两极得到的阳光将会比赤道更多，因此这两个地区的气候条件可能会进行有效的交换。目前，我们还不清楚，一颗摇摆不定的行星是否更容易使气候过程走向失控。可以肯定的一点是，在这种条件下，地球上复杂的陆地生命是不可能形成的。不过，这是否会影响地下深处生命的发展，我们就不得而知了。

守护星——木星

有人认为，外太阳系的气态巨行星是生命能在恒星宜居带内的岩石行星上发生进化的先决条件。众所周知，彗星或小行星撞击事件会对行星上的生物圈造成毁灭性的影响，比如 6500 万年前那次小行星撞击地球事件几乎可以肯定是导致包括恐龙在内的 75% 的物种灭绝的罪魁祸首。上面这个理论的前提是，气态巨行星的引力作用会清除散乱的彗星或小行星，所用的方法就是，要么使它们撞向气态巨行星自身（比如 1994 年著名的苏梅克 - 列维 9 号彗星撞向木星），要么使它们远离太阳系。木星可能就是内太阳系的守护者，保护内行星免受潜在的毁灭性撞击。据估计，如果没有木星的保护作用，将会有 1000 多倍的彗星撞向地球。然而，这种假定并不是那么令人信服。彗星的影响并不总是完全负面的。如果不是恐龙时代的突然终结，我们地鼠般大小的哺乳动物祖先就不会有进化的机会，进而繁衍生息并进化成人类这种有意识、技能高超的物种。就像我们将要在下一章详尽探讨的，若不是地球在童年时期遭受了一系列惨烈的撞击，生命就不可能诞生，这些撞击不仅促使产生了海洋，而且催生了星云中的所有有机分子。

不过，也有人认为，木星扰乱了内太阳系的发展秩序，如果没有木星，小行星带和火星会形成比地球更大的行星。如果火星体积足够大，就能保留住厚厚的大气层，就能拥有温暖的地表，因此可能适合居住。还有一些人认为，气态巨行星破坏性的引力作用对于加速岩石胚胎形成内行星来说至关重要，这些岩石都来自撞击。我将在下一章详细探讨这一点。

因此，一颗具有生命的行星必须有适当的大小，必须以适当的距离围绕适当的恒星运转，以及必须具有太阳系的其他适当特征。如果一个星系中只有某些区域可能是适宜的，那么，这个星系拥有生命的可能性将微乎其微。

银河宜居带

我们所在的星系——银河系，是一个不停旋转的巨大螺旋星系，大约由 4000 亿颗恒星组成，直径约为 10 万光年。这其中的许多恒星系可能拥有生命，因为它们在闪烁，这意味着有行星可能围绕着它们旋转。不过，更多的恒星在其宜居带内没有形成类地行星。

金属元素对生命至关重要，因为细胞依赖于大量重元素及其复杂的化学反应。类地行星本质上是由中心成块的铁、硅、氧，以及铀、钍和钾的不稳定的放射性同位素共同组成的，它们是行星内部深处驱动板块构造运动和火山活动的热源。由于星系的发展，这些较重的元素并不是均匀分布的，而是集中在中心地带。从星系中心到外缘，存在一个"金属丰度梯度"。这意味着，外缘的恒星无法形成行星家族，也就无法为陆地生命的诞生提供基本条件。太阳系正好位于银河系中心和边缘之间。金属丰度梯度的存在可能意味着，生命的分布存在外部边界，如果超出这个边界，行星就无法聚集成型。虽然我们不太明确星系宜居带的内缘，但太阳系不在更接近银河系中心的位置不是一种巧合。某些因素可能阻止了生命在星系中心地带立足，就好像这里潜伏着巨大的威胁，它们会破坏生命的延续。

外太空杀手

虽然超新星爆发能增加宇宙中重元素的丰度，但由于爆发过程异常剧烈，会对有生命的行星构成巨大威胁，即使这两者之间隔着无垠的星海。会为地球带来最大威胁的是位于 30 光年外的超新星。这是一个中间点，介于非常近距离的爆发将带来毁灭性的影响和超新星爆炸时离地球较近的可能性将降低之间。如果有一颗超新星在 30 光年外爆发，我们的天空中将会出现耀眼的光芒，但这种光不会为地表生态系统带来厄运。引爆的超新星核心会增速抛散其表层的所有物质，并产生高能量粒子辐射，这种辐射将遍布整个星系。虽然地球上的细胞已经进化出了一种机制来修复由低水平的辐射引起的损伤，但附近超新星的爆发将使辐射如枪林弹雨般地袭击地球。除了导致缺乏防御能力的生物体发生基因突变外，这种辐射的激增还将会在几个世纪内破坏臭氧层，导致太阳紫外线直接射到地表上，破坏脆弱的生命分子。光合作用机制对紫外线特别敏感，附近超新星的爆发还会终止陆地和海洋环境中的光合作用，导致依赖它们的生态系统崩溃。关于近距离超新星爆发的长期影响，我们尚不清楚。这种辐射还会增加云层的形成，从而反射更多的阳光，最终可能引发不可控的冰川效应。另一种可能是，光合作用的突然减少和大气中二氧化碳吸收量的降低可能会使平衡向另一个方向倾斜，导致全球气温剧增。

只有比太阳质量大 8 倍的恒星才会形成超新星，这意味着超新星的数量比较稀少。虽然在银河系的某个地方，每隔几十年就会形成一颗超新星，但超新星在距离地球 30 光年以内爆发的概率非常小。不过，在地球复杂生命的进化史上，很可能至少发生过一次近距离的超新星爆发。自从 5.5 亿年前硬壳动物进化以来，大规模的灭绝事件已经发生了好几次。6500 万年前那场造成包括恐龙在内的 75% 的物种灭绝的事件，被认为是由一场剧烈的撞击造成的。不过，相对于其他 5 次大灭绝事件，这是一场相对温和的灾难。其他大灭绝事件大多都没有找到令人信服的原因。也许，对地球生命的这种巨大干扰至少有一次是由超新星爆发造成的。然而，如果这是前面一次大灭绝事件的原因，我们就很难找到确凿的证据。因为恒星处于不断的运动之中，这意味在朝向地球爆发之后，超新星的残骸现在可能漂移到了星系的远端。人们在深海地壳中发现了一层重同位素铁，这是过去几百万年超新星在附近发生爆发的证据，当时第一批类人类祖先正处于进化之中。这次爆发发生在大约100光年内，我们仍然可以看到岩屑在我们周围飘荡。

太阳系的轨道上几乎没有恒星。如果太阳系位于恒星密集区，比如靠近银河系中心带的位置，那么被超新星近距离轰击的概率将非常大。倘若太阳系与银河系内部的其他恒星聚集在一起，后果将不堪设想，原因主要有两点。第一，与其他恒星的近距离接触会使太阳系受到周围引力的拖曳作用，进而造成严重的破坏。第二，行星的轨道可能会受到严重扰动，从而引发剧烈的气候波动，还可以肯定的一点是，潜伏在太阳系外围的彗星群将会被扰乱，导致一些彗星坠落到内行星上。届时，地球将会遭受猛烈的撞击，严重威胁生命的生存。

尽管目前太阳正在穿越一片相对不拥挤的星系区域，但这绝不意味着我们将会安全无忧。银河系是一个具有螺旋结构的螺旋星系，就像咖啡拉花上的螺旋花纹。如果你仔细观察，就会发现内部区域转动的速度比外部区域快得多。同样，银河系内部的恒星总是比外部的恒星转得快。四个旋臂并非刚硬地转动，这里是许多恒星诞生的区域，它们在离开之前照亮了旋臂。太阳每隔1亿年就会经过一个主旋臂，大约需要1000万年来穿过它。在此期间，太阳系将会面临各种危险。

实际上，旋臂是恒星密集区，这就增加了发生超新星爆发的风险。此外，巨大的尘埃云会产生新的恒星。这些尘埃云集中在旋臂中，直径可达数百光年。一般来说，太阳风足以将尘埃云吹到一边而不产生任何负面影响，但是，那些特别密集的尘埃云会攻破太阳的防护罩，涌入太阳系。部分尘埃云会被引力拉向行星，并附着在上层大气中，当太阳系穿过尘埃云时，会挡住太阳光，时间将会持续大约20万年之久。至少，这可能会终止光合作用，甚至引发不可控的冰川效应。

因此，旋臂主要存在三方面的危险——超新星爆发、与其他恒星的近距离接触以及星际尘埃云的涌入。我们很难精确地计算出太阳围绕银河系运转的路径，不过根据研究人员的计算尝试，发现几次大规模的灭绝事件确实与之前太阳系穿越旋臂有关。太阳围绕银河系中心的运转轨道正好是圆形的，这确保了太阳系不会周期性地冲入中心地带，进入恒星密集的危险区域。此外，太阳系绕银河系中心运转的轨道速度接近同转周期（co-rotation cycle），也就是太阳系的轨道速度几乎与旋臂的旋转速度相同，因此两者交叉的概率极小。这是一个不可思议的巧合。天文学家认为这是银河宜居带的最后一个特征。就像生命只能在离恒星一定距离的行星上生存一样，恒星似乎也必须在围绕银河系中心的某个环内运转。这个环的外部边界是由形成岩质行星所需的最小金属丰度决定的，内部边界则由银河系中心地带的各种危险决定，比如与其他恒星和附近超新星擦身而过的危险。即使远离银盘，太阳系也不会安全无虞，因为定期穿越旋臂还是会面临类似的风险。对于生命来说，最安全的地方可能是同转周期周围的这轮稀薄的晕圈，这里离太阳轨道不远，如图3-2所示。根据一些研究人员的计算显示，这个避难所仅包含了银河系中10%的恒星，其中只有小部分是类太阳恒星。

图 3-2　银河系的模拟图

注：银河系宜居带的大致范围和目前太阳的位置也被表示出来了。

综上所述，生命似乎对诞生地的要求特别高。它需要一颗够大的行星，这颗行星必须处于围绕在一颗稳定运行的恒星周围的宜居带上，而这颗恒星也必须位于该星系的宜居带上。金属的丰度对于建造适宜生命生存的行星至关重要，而我们的螺旋形星系只有一部分有适当分量的金属。一个星系的金属丰度与它的亮度有关。据估计，在当前的可见宇宙中，有 80% 的恒星处于亮度不如银河系的星系中。这表明，大多数恒星比较缺乏金属，可能无法形成行星家族。在我们所在的星系群中，包括银河系、仙女座和其他 24 个星系，大多数的形状不是呈块状，就是毫无规则，而且缺乏金属。而且，这类星系中的恒星轨道很不稳定，它们会周期性地冲向密集的星系中心，面临各种危险。太阳系可能是一种罕见的例外，不仅在银河系中，与大多数其他星系相比也是如此。

以上这些结论很大程度上取决于生命可能生存的范围。研究人员正在尽力寻找答案。我们已经讨论过的一些问题不会阻止生命的诞生，但可能会对生命，尤其是复杂生命的延续造成威胁，比如来自银河系中心附近的近距离超新星爆发。尽管目前的证据明显有些单一，但我在本章提出的这些条件最有利于促进生命的发展和生存。在后面的章节中，我将放宽这些限制，看看银河系其他地方是否存在宜居带。

LIFE IN THE UNIVERSE

A BEGINNER'S GUIDE

04
地球与地球生命的起源

恒星及其行星的诞生历程

重元素是生命出现的前提条件，因为它们是宜居类岩石行星和复杂聚合物的构建基础。恒星熔炉锻造出了这些重元素，然后又将它们重新散播到星云中。不过，这些由气体和尘埃组成的星云又是如何形成恒星和行星的呢？这个问题的关键在于恒星的爆发过程。没错，又是这个过程。星云附近的超新星爆发产生的冲击波会压缩星云的某个区域。之后，这个区域的密度会增大到在自身引力作用下发生坍缩。为了保持动量守恒，原先缓慢旋转的气体在收缩后会越转越快，就像滑冰的人在收拢双臂后会转得更快一样。这团急速旋转的星云会分解成几个更小的旋涡，而后者则会各自形成恒星系统。这些旋转的气体云碎片将有两种走向：其一是形成只有一颗中央恒星的单恒星系统，其二是形成多颗恒星互相绕转的聚星系统。具体结果取决于这团气体云碎片的大小。这场超新星爆发一次性创造出了大批恒星，而这些恒星在超新星爆发几百万年后才会发光。太阳和其他恒星一样也是在这种爆发事件中诞生的，不过它是个独生子，并没有在聚星系统中和其他恒星一起互相绕转。我们会在第

7章继续探讨这个话题。

当日后会形成太阳系的旋转气体云坍缩之后，就会变扁，形成一片旋转的气体"盘"。这片"盘"的中央就是太阳诞生的地方。中央周围还萦绕着大量物质，被称为吸积盘（accretion disc）。吸积盘的总质量虽然大约只有太阳质量的1%，但足以形成一个由行星、小行星和彗星组成的大家族。这个吸积盘很大，延伸到了今天的矮行星冥王星轨道的10倍远处。吸积盘由99%的气体组成，剩下的都是一些极小的浮尘微粒，密度只有每立方米几粒。

这些围绕着吸积盘中心旋转的浮尘微粒会结合在一起，逐渐变成越来越大的浮尘块。一旦这些浮尘块"长大"到能够产生引力拖拽作用的程度，增长速度就会迅速加快。它们会通过自身引力吸引越来越多的周边物质"入伙"，于是，大浮尘块会迅速变得更大。不到100万年的时间，这块尘埃吸积盘就会通过吸积的方式变成几百个大小介于月球和火星之间的原始行星胚胎，它们绕着位于中央的太阳运转，互相之间的引力作用有时会将其中的有些行星胚胎扔到太阳里面，有时会将另一些行星胚胎弹到太阳系之外。行星胚胎偶尔还会撞到一起，在剧烈的撞击过程中碎裂、重组，最终形成我们今天所熟知的岩石行星。这类撞击产生的热量和岩石中的放射性元素衰变产生的热量熔化了正在茁壮成长的行星内部，也融化了像铁这样的重元素，并让后者流入了行星核心。不过，这些类地行星几乎完全没有水和碳这两种生命必需的物质，原因在于，它们形成于原始太阳星云的中央区域，这个区域位于"雪线"以内。从太阳出发向外延伸至5个天文单位左右的这片范围，就是雪线以内的区域。雪线以内的温度太高，因此，像氢、一氧化碳和水这样的挥发性化合物无法在这里融入不断成长的尘埃团。这类挥发性化合物会在太阳系进化的后续阶段进入类地行星（我们会在后文详细介绍这个关键阶段）。行星胚胎进化为成熟的类地行星大约需要1亿年。

与此同时，在原始太阳系的外侧区域，气态巨行星也在形成。这片区域处于雪线之外，吸积盘内的温度低于-120℃，挥发性化合物都凝结成了固态。太阳系的这片"郊区"拥有的物质更多，因而形成了比内行星大得多的行星胚胎。例如，木星的核心由硅酸盐岩石和冰组成，大小大概是地球核心的30倍。如此巨大的一团物质拥有强大的引力，足以吸引大量以氢和氦为主的星云气体。这又进一步增加了行星的质量，行星因而能吸引更多气体。这种滚雪球效应迅速催生了气态巨行星。太阳系的行星之王——木星，质量是地球的约318倍。而在这个正在进化中的原始太阳系的更远处，可供使用的物质就不够多了，不足以形成行星，只能形成冥王星和彗星这样的小型含冰天体。

在吸积盘从一大堆行星胚胎进化成一个主要由内侧类地行星和外侧气态巨行星构成的成熟大家族的同时，太阳也在经历自己的进化过程。当太阳星云的核心区域收缩后，密度和温度都会升高。大约50万年后，这颗原始太阳的温度就高到足以启动第一阶段的核聚变反应，并点亮这片星云的内部。这个时期的太阳膨胀得非常快，体积大概是目前的5倍，但当周围萦绕的更多气体落在太阳顶部并堆积起来后，太阳就开始坍缩了。最终，太阳核心的密度和温度超过了临界阈值（大概是1×10^7℃）。然后，核聚变反应的主要阶段——氢聚变反应，就启动了。当最初的坍缩进行了 4000 万年后，太阳走到了婴儿期的末期。如今，太阳大概走完了生命中稳定阶段的一半，在迎来不可避免的生命终点（红巨星阶段）之前，它都会以恒定的亮度照耀着我们。

月球引发的地球潮汐涌动

地球形成于大约 45 亿年前，当时，它的轨道非常接近另一颗大小与火星相当的年轻行星。这两颗行星大概在刚形成后就碰撞到了一起。这场大碰撞的结果就是，地球地幔的一半在爆炸中被喷射到了太空中，而地球表面也掀起了一股熔岩海啸。较小行星的情况则要糟糕得多，它被彻底摧毁了，金属核心与地球核心融合到了一起，而外部岩石则飞溅到了太空中。这些物质中的大部分最后又落回了地球表面，形成了一股岩石雨，而一部分留在了空间轨道上。

最开始的时候，这些飞溅出去的物质环绕着当时这颗闪闪发光的炽热地球运转，看上去可能很像如今的土星环，尽管当时的这条"地球环"是由岩石碎块组成的，而土星环主要由闪亮的冰晶体构成。那些因碰撞而飞溅出去的碎块后来逐渐聚合到一起，形成了一组小卫星，而这些小卫星随后又组成了一颗大卫星，也就是我们如今熟悉的月球。我们用计算机模拟了这场大碰撞发生后第一天内的变化情况（如图 4-1）。

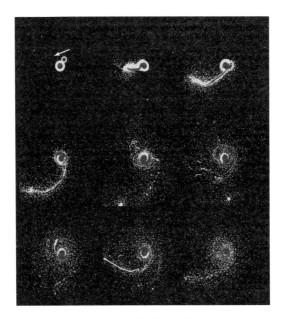

图 4-1　两颗行星发生碰撞后的第一天

注：计算机模拟了大碰撞事件发生后 24 小时之内的变化情况。月球正是在这个事件中诞生的。图中灰暗的部分是行星的富铁核心，明亮的部分是硅酸盐地幔。

这场大碰撞发生后的几千年，地球上的熔岩海洋冷却到了可以进化出外壳的程度，并且这层外壳后来固化成了地壳。随着时间的推移，大约距今 44 亿年前，地球温度冷却到了水蒸气可以在空气中凝结成水滴的程度。于是，漫无边际的海洋便形成了，分隔它们的只有几块很小的陆地。据估计，当时这些陆地的面积大概是现在的 1/20。地球内部的高热量滋养了大量的巨型火山，它们的山峰露出了海面，形成了类似夏威夷群岛这样的地表。火山喷发释放出的大量气体则让整个地球笼罩在了浓密的大气层中。

相比现在，月球在地月系统形成之初离地球要近得多。当时，地球上看到的月球大概是现在的两倍大。地月之间如此之近的距离在地球微小的大陆上引起了巨大的潮汐。年复一年，日复一日，潮汐作用不断吸收着月球的轨道能量，而月球也因此以大致恒定的速度慢慢飘向远处。此外，潮汐摩擦还消耗了部分地球自转的能量，今天的地球自转速度要比当时慢得多——月球刚形成时，地球自转一周只需要5个小时。

也许，生命有可能在这个时候就已经出现了。不过，我们永远无法知道真相，因为地球最早期的岩石全都没有被保存下来，它们早就因为这颗行星活跃的地表活动而被毁坏了。地壳分割成了数个坚固的板块，当它们发生碰撞时，必然会有某个板块被挤到另一个的下方，然后它就会在地球内部的热量作用下熔化。这个板块俯冲带上发生的火山运动会产生比原初地壳密度小得多的花岗岩。这些更轻的新岩石层不会出现俯冲现象，而是会互相合并，形成第一块大陆地壳。水则集聚在更重的下层岩石层上，也就是海洋地壳上。如今地球上最古老的岩石就来自这些早期大陆。当时，河流从这些光秃秃的岩石上流过，将其中的矿物质冲刷出来并带入了大海，海水也因此变咸。

大撞击带给地球的礼物

早期的海洋在月球的强力潮汐作用下不停地摇晃。不过，既然所有类地行星都因为身处雪线之内而缺乏挥发性物质，那么，海洋里的水又是从哪儿来的呢？这个问题的答案隐藏在行星形成后剩下的一堆零零碎碎的物质上。外侧小行星带和彗星形成于雪线之外，因而富含生命必需的挥发性化学物质。在太阳系形成的最早阶段，无数这类天体像雨点般落在了内行星上。这场"炮弹雨"是紧随着行星的狂暴形成过程发生的，还是在行星形成后过了一段相对平稳的时期后突然来临的呢？这个问题的答案我们还不清楚。如果答案是后者，那么这场"姗姗来迟的大撞击"可能是由射向地球轨道的抛射物引起的，而这些抛射物的成因有以下几种可能：一是受到了较晚形成的气态巨行星天王星和海王星的影响；二是由木星轨道的轻微偏移造成的；三是附近有一颗恒星正好路过了这个创造了太阳系的摇篮。科学家认为，这场如闪电般凌厉的大撞击事件发生于大约42亿年前，之后攻势日益减缓，但所产生的巨大影响也许一直持续到了38亿年前。那一时期的原始地表几乎没有保存到现在的，因为它们要么被侵蚀了，要么被板块构造运动拖入了地球内部。不过，月球表面基本保留了当年的情景，即遍布历史相当久远的撞击坑。月球撞击坑的数量和大小（有些甚至有一片洲际大陆那么大）反映了当时所有内行星都必定经历过的猛烈的"岩石冰块雨"。大量涌入的彗星和小行星为地球表面送来了至关重要的海量挥发性物质：填充海洋的水、温暖大气层的二氧化碳和在星云中形成的简单有机分子，这些物质如甘露般从天而降。此后，每年仍有成百上千吨有机碳通过这种方式输送到地球上，这个速度比太阳系形成之初高了千百倍。

对地球生命的形成与发展来说，这场大撞击最为重要。如果没有这些从雪线之外送来的挥发性物质，地球这贫瘠的表面上永远也不会出现有机分子和海洋。相反，可能会出现这样的情况：地月系统形成之后不久，生命比较快地找到了据点，但后来在一连串姗姗来迟的大撞击事件中消失殆尽。虽然这些撞击绝大部分规模都不大，但地球还是会时不时地与一块大陨石撞个满怀，偶尔会有直径达到上千千米的天体从天而降，在地表上释放出巨大能量。实际上，这么大的小行星会击穿固态地壳，直接扎到下方的液态地幔中去，溅起一大片熔岩，随后又落回地球，化成上千个直径数米的小石块，并逐渐固化、覆盖在地表上。岩石蒸汽形成了浓厚的大气层，将热量困在了地球上，因此，此时的地表堪称灼热的地狱。在这些条件的作用下，海洋在几个月之内就彻底干涸了。在此后的数个世纪中，大气始终都很稠密，导致发生强烈的温室效应，将地表烘烤到了 2000℃ 左右的高温，生命的痕迹被彻底抹掉，好不容易积攒起来的有机分子也丧失殆尽。后来，这些过量的热量慢慢通过辐射的方式散逸到地球之外，大气温度也随之稳定地降下来，直到形成液态水滴。于是，地球上再一次下起了雨，而且是一场持续了成千上万年的雨，海洋再度充盈起来。

姗姗来迟的生命

在姗姗来迟的大撞击期间，这种足以破坏生命的事件可能在地球上发生了五六次。每一次大撞击之后，海洋都会再度充盈起来，外层空间送来的有机物质就这样积聚了起来，复制分子或许就是在这个时期出现的，而细胞也因此有了临时的落脚点。然而，当下一次灾难降临时，生命又会再一次被无情地摧毁。这种扼杀事件，或者说"大撞击带来的挫折"大大延后了生命可能在地球上出现并稳定生存下来的最早时间。不过,当大撞击的强度减弱之后,撞击的频率和影响也随之下降,地球拥有了相对稳定的发展期,而生命也终于迎来了奋力一搏的机会。它们如雨后春笋般涌现,速度快得惊人。科学家认为,最后一场足以扼杀生命的大撞击大概发生在40亿~39亿年前。那之后仅仅过了1亿年左右,最初的生命迹象就出现在岩石中。生命通过遗传机制和维持自身的代谢机制,从氨基酸和糖类这类简单的有机化合物进化到能够通过光合作用或者无机呼吸汲取能量的功能健全的细胞,内部结构也变复杂了。然而,1亿年左右的时间短得令人难以置信,甚至短得有点可疑了。

或许,生命的进化速度根本没有这么快。目前,代表最早生命的证据还充满争议,我们对它们的诠释可能是错误的。最初被广泛承认的最早的生命迹象出现的时间要比前者晚了3亿年。第一种可能是,最后那场足以灭绝地球生命萌芽的大撞击事件发生的时间远比我们想象的早,留给生命安稳发展的时间自然也比我们想象的长得多。第二种可能是,最后这场大撞击事件并没有毁灭所有生命,有一些幸存者在避难所中顽强地坚持了下来,或者只有一些复杂的有机分子幸存了下来。无论留下的是什么,它们都让生命的下一次绽放有了一个良好的开端。地球环境变得肥沃之后,生命迅速出现的第三种可能是我们在第2章讨论过的泛种论:大撞击之后,细胞并没有在地球上快速进化,而是陨石为地球带来了功能健全的细胞。人们普遍认为,生命不太可能完成不同恒星系之间的漫长旅程,至少比尘埃颗粒大的所有生命形式都绝无可能,所以,任何承载着生命的陨石都必定起源于太阳系之内,很有可能是在火星上。

火星比地球小，因此，在大撞击期间遭受的撞击比地球少，撞击后冷却的速度也比地球快。如果火星的确有过宜居时期，那么生命在火星上出现的时间会比地球上早得多。当时，这些细胞可能在一系列陨石雨中从火星上传送到地球上，但只有当地球经历了最后一次大撞击，而它们也适应了地球环境之后，这些细胞才能永久性地在这颗星球上定居下来，繁衍生息。至少存在这样一种可能：人类以及地球上的所有生命都来源于火星。然而，到目前为止，我们还没有找到有关火星生命的任何证据，无论是过去的还是现在的，因此，更可能出现的情况是，地球母亲凭借一己之力完成了重新制造生命的工作。生命可能在两次大撞击的间隙内出现过，然后在足以毁灭生命的事件中藏身于无数岩石之内，与后者一道被溅射出去，离开地球表面，接着又在地球恢复元气后落了下来，重新在这颗星球上入住。

也许，地球生命就是以这种方式迅速出现的。有些研究者声称，有了这么多简单有机分子作为生命大厦的砖石，生命的出现只需短短的2000万年。或许，有了一锅液态水和有机分子组成的浓汤，就一定会出现能够迅速进化出具有自我复制能力的系统。我们已经了解了许多简单的自组织系统，一旦系统拥有了储存和传递信息的能力，自然选择就开始发挥作用，逐步促使其进化出更适合环境也更复杂的生物体。对于希望地球生命模式也适用于其他星球的我们来说，生命的起步阶段如此迅速是一个鼓舞人心的消息，再加上银河系的星云内有大量有机分子，这个消息就更加令人兴奋了。

令人感到遗憾的是，在大撞击的间歇和出现细胞这个时间点之间，地球上究竟发生了什么，仍旧是地球历史上最大的谜团之一。前生命化学时期没有留下任何化石记录，因此，我们很难将这一系列事件拼凑起来。不过，我们可以在实验室中重现当时的地球环境，并通过改变环境的方式找到能够产生最好结果的模型，然后据此研究生命的起源过程中究竟发生了什么。我们现在要将注意力转向这项错综复杂的研究，之后再探究地球细胞生物的最初迹象。

相互独立的前生命系统

从本质上来说，细胞有两个子系统。一个系统负责储存指令，其中的有些指令负责指导构建细胞，一些则负责决定在分裂时大批量地复制这些信息还是在需要特定新组件时一次复制一个基因。另一个系统就是细胞的代谢系统，这个错综复杂的生化反应网络不仅能提供能量，还能提供构建细胞各部分以及复制遗传信息所需的大量化学物质。如今，这两个子系统已经紧密地交织在一起，难分彼此了。不过，在生命诞生早期，它们一定是互相独立的。那么，这两个子系统是如何联系在一起的呢？这就是我们接下来要探讨的内容。不过在此之前，我们先看看构成代谢系统和信息储存聚合物的有机分子是如何产生的。我在第 3 章介绍了我们是如何在星云中探测到简单的有机分子的。这些星云终有一天会坍缩，形成新的恒星和行星。而在已知存在的物质中，氰化氢和甲醛的作用尤为重要。

在第一次世界大战中，氰化氢曾经以化学武器的身份亮相，不过在原始地球时期，它们的作用要正面得多。氰化氢溶解于水后，会和水发生反应，产生各种基本的生物分子，比如尿素、氨基酸和核酸碱基。而甲醛则会在弱碱性水中聚合，形成各种糖类物质。氨基酸、糖类、核酸的碱基和脂肪酸都曾在碳质陨石中被发现过。在大撞击期间，大量这类预制好的生命大厦砖块从天而降，在早期地球温暖的河川、海洋、湖泊中混合到一起，形成一锅有机物组成的浓汤。虽然这些分子中的大多数都在大撞击期间被摧毁了，但它们留下的基础原材料——碳和水，对生命的出现来说至关重要。

还有一种可能是，有机物的形成时间可能出现于挥发性物质抵达地球之后。当时，这颗年轻行星的大气层正在慢慢变薄。过了许久之后，地球才掌握了制造氧气的能力（通过光合作用），而在此之前，地球空气的主要成分是还原性气体，比如甲烷、一氧化碳、氨和氢。太阳紫外线和频繁出现的闪电为这些气体的再度反应和聚合提供了能量，这个过程促进了更大有机分子的产生，它们逐渐从大气层中沉降下来，并在水体中积聚起来，就如同那些来自外层空间的有机分子。它们会在这片温热的水体中发生进一步的化学反应，形成一锅"原始汤"，或者说一片"达尔文池塘"（Darwin's pond）。20 世纪 50 年代开展的一项著名研究米勒-尤列实验（Miller-Urey experiment）模拟了早期地球的大气和温暖的海洋环境。研究人员将水和由甲烷、氨和氢组成的还原性气体混合物密封在玻璃烧瓶内，通过蒸发去除其中的水分，然后将混合气体通入试管，并在其中施加电火花，模拟闪电效应。接着，他们让蒸汽重新冷凝，然后滴回烧瓶内，完成水循环。一周之后，研究人员分析出了液体中的化学成分。

这一实验的两位主导人发现，烧瓶底部产生了大量氨基酸，此后进行的相关实验还产生了糖和其他有机物。长久以来，人们一直将这项经典研究视为能够证明生命起源于还原性大气中的化学合成反应的有力证据。然而，现在人们对米勒-尤列实验是否真的再现了原始地球的环境产生了怀疑。首先，当时的闪电不太可能像他们想象的那样活跃。其次，复杂分子从大气中沉降下来时有可能会破碎。更为重要的是，早期地球大气的还原性远没有那么强，因为当时地球上无处不在的火山运动喷发出的二氧化碳远比甲烷多，而甲烷和氨都会被紫外线摧毁。因此，当时地球大气的主要成分更可能是二氧化碳和氮，甲烷和氢占据的比例很小。当按照这种比例的混合气体重复米勒-尤列实验时，很难产生预期中的有机分子，也就是说，有机物的合成需要具有高度还原性的环境。

不过，有机物的合成还有第三种可能，并且得到了越来越多的证据支持。这种可能还带来了生命的另一个起源地：沿着地质构造扩张区域分布的热液喷口。这些喷口会释放出大量还原性化学物质，在地球形成之初的灼热环境下，它们的分布比现在普遍得多。"黑烟囱理论"解释了这些热液喷口的无机还原能力是如何将碳固定到构建生命大厦的有机砖块中去的。我们认为，硫化铁和硫化氢（臭鸡蛋的味道那么难闻，正是因为这种气体）之间发生了氧化还原反应，产生了氢气和二硫化亚铁[1]。铁在氧化后会释放出电子，而电子则会与海水中的碳结合，形成大量二氧化碳，并从海水中不断冒出来。还原有机分子就这么诞生了，这个过程有效地将碳固定

---

[1] 也被称为黄铁矿，就是19世纪那些倒霉的寻矿者熟知的"愚人金"。

下来，就像光合作用利用光做到的那样。不止如此，不断增多的二硫化亚铁晶体也非常善于结合刚产生的还原有机分子，将它们固定到固态表面上。这就起到了催化剂的作用，提升了各种简单的有机分子之间发生反应、产生更大分子的速率。热液喷口周围由黑烟囱组成的墙体上还有许多小孔，为有机物质的聚集提供了一个个"小口袋"。这些"小口袋"里可能形成了一些能够自给自足的小型反应循环：新鲜的反应原材料通过喷口喷出的烟雾扩散进来，而反应产生的废料则通过海水被冲走。当初，这些岩石反应室内可能形成了第一批细胞的模板，用脂肪酸膜代替了反应室的开放式外壁。

模拟热液喷口环境的实验重现了大量有趣的化学过程，并且产生了长链碳分子和聚合成蛋白质短链的氨基酸。部分研究者认为，最初的代谢系统就出自热液喷口附近的黑暗深处，而非地表上明亮的原始池塘。铁在这个起源假说中扮演的角色特别有意思。铁以及镍、铜和锌等其他金属都可以随心所欲地改变自己的氧化还原状态，既可以接收电子，又可以贡献电子。因此，这些金属在促进代谢的氧化还原反应方面有着特别重要的作用，超过 1/3 的酶都含有至少一种金属原子。这就意味着，热液喷口喷出的那些金属离子和如今生命所使用的复杂酶之间可能存在直接联系。

和其他所有有关生命起源的理论一样，黑烟囱理论的准确性究竟有多高也是个很难考量的问题。这不仅是因为早期形成的所有原始海洋地壳都在反复的地质构造活动中被摧毁了，还因为实验室中开展的模拟试验进展缓慢，该实验旨在证明代谢系统可以在热液喷口环境中形成。部分研究者认为，热液喷口起到的作用是消除积聚下来的有机物质而非生产有机物。每过1000万年左右，整个海洋就会在热液喷口的作用下彻底循环一遍，在这个过程中，喷口附近的高温液体会摧毁所有溶解在水中的有机物。

第一批有机物的诞生很可能是前述所有源头的综合：既有来自天上的（闪电和还原性大气中的紫外线），也有来自海洋的（热液喷口），还有从太空飘来的（外太空）。关于生物起源的各项重大事件发生的顺序，也存在许多观点。有些研究者认为，先出现膜泡、蛋白质，之后才形成遗传信息储存系统；还有一些则倾向于遗传信息储存系统是先形成的。而我的观点是：代谢系统应该先于遗传信息储存系统形成，在从代谢系统发展到遗传信息储存系统的过程中，蛋白质和封闭细胞的膜结构也逐渐形成了。

最初的代谢系统是如何构建起来的呢？关于这个问题，学界开始形成统一的观点，其关键在于一系列自催化（autocatalytic）反应。在这类反应中，每一步都由代谢系统中的一种产物进行催化。在一片足够大的化学物质池中，所有物质都会参与许多不同反应，因此，一些物质很可能会互相催化，这促使具有催化作用的物质越来越多，从而吸引更多种类的物质参与反应，等到参与反应的物质种类足够多时，又会生成更多能够催化其他物质发生反应的潜在催化剂。这个过程会随着反应产生的分子的增多而加速，而整个由催化作用构成的系统也会变得愈发复杂，直到自发形成一个能够自给自足的反应系统为止。接着，这个系统就会在循环过程中产生越来越多的化合物，随着时间的推移，还会出现更多反应，从而扩大循环或者新增分支点。在整个过程中，具有催化作用的物质表层很可能也参与了反应，比如一些无机化合物和黏土。

代谢反应中的某些功能组件存在于所有的生命形式之中，这表明，它们一定在前生命化学时期的极早期就出现了。等到这些古老的生化反应系统变得日益复杂时，它们就开始生产微小的有机分子和此前从未存在过的聚合物，而且，此时生产出这些物质的方式并非源自大气中的紫外线，也不是热液喷口内的无机反应。虽然代谢系统是否先于遗传系统出现这个问题还没有定论，但信息储存分子RNA和DNA的高度复杂性有力地表明，原始生化反应系统一定是先形成的，这样才能为那些复杂到足以安全地复制和储存信息的聚合物的合成过程提供必要的组件和驱动能量。接下来，我将会介绍这些具有复制功能的聚合物的诞生过程。

生命起源是"先有鸡还是先有蛋"

直到 20 世纪 80 年代，人们还认为，生命的诞生过程存在一个难以解释的悖论。DNA 会编码那些转译成蛋白质的遗传信息，但这个过程需要代谢系统提供酶、能量和前体分子。现在的代谢系统极其复杂，而且，如果没有 DNA 编码过的酶起催化作用，它们就难以运转。这就形成了一个悖论：没有代谢系统，DNA 就无法正常工作，而没有 DNA，代谢系统也无法正常工作。这就是生命起源之谜中的"先有鸡还是先有蛋"的深奥问题。

这个悖论的解决多亏了 RNA 分子的发现。我们已经知道，

RNA 可以在细胞内储存信息，同时还具有催化作用——它们可以促进特定的化学反应，比如酶的作用。这些核酶（ribozymes）在生化反应系统和具有复制功能的信息储存聚合物之间架起了一座桥梁。现在，人们普遍认为，在地球历史上，RNA 一度统治了这个星球，这个时期的地球也因此被称为"RNA 世界"。

第一批核酶很可能就是由核酸形成的短链，它们折叠成大小有限的三维构型，对生化反应产生了一定的加速作用。当时存在许多不同种类的核酶，其中有些能催化原初代谢系统中较为重要的一些反应。目前，我们还不清楚核酶参与了哪些反应，很可能包括各类氧化还原反应，以及糖聚合物的合成过程。目前的研究目标是，从实验角度证明核酶可以催化生命的基本组成物质核苷酸的产生，抑或证明核酶可以利用氧化还原反应将氨基酸联结成蛋白质。不过，能够催化最重要反应的核酶一定在某个阶段形成了，这种最重要的反应就是：以自身为模板，合成蛋白质链，并因此拥有自我复制能力。一旦掌握了这个方法，再加上驱动代谢系统的能力，RNA 就能自我繁衍，而自然选择这个强大的引擎也就此启动。在这个过程中，各种核酶之间必定会产生激烈的竞争，结果就是，不那么高效的核酶被淘汰出局。这种最原初的进化过程逐渐催生了复制速度更快、精度更高并且更符合相互利益的核酶。就这样，一个强大的核酶联盟出现了。该联盟中的核酶功能各有不同，各司其职，有些专事生产核苷酸，另一些则负责源源不断地生产脂肪酸以扩张包含它们的膜，还有一些负责催化自身以及其他各种核酶的复制过程。当脂肪酸过分膨胀，变得不稳定时，它就会一分为二，这就是细胞分裂的基础。RNA 这种复制机制比较容易出错，这就在核酶的复制过程中引入了突变。这些刚诞生的新变体可能会催化原始核酶无法催化的反应，从而提高系统可以利用的前体细胞的范围。

接着，第二项革命性的进展发生了：新的RNA分子出现了，这些分子携带的编码信息并不是描述如何复制自身的，而是描述如何构建蛋白质的。其他核酶会解读这些编码信息并将需要的氨基酸串联在一起，形成蛋白质。这些由遗传信息编码的蛋白质担负着进化的重责，它们会不断地将自己进化成更高效的催化剂。于是，这个RNA世界催生了更高产的劳动力，也就是能够从RNA手中接管管理代谢反应任务和基因复制任务的酶。与此同时，RNA仍旧负责储存遗传信息。在这些原始细胞的复杂性不断增长的过程中，它们会在某个阶段超越生物与非生物之间不怎么明确的分界线。相比那一锅剧烈反应的简单化学物质原始汤，这种由膜结构束缚的原始遗传系统和代谢系统更像细菌。

在从原始核酶结构进化到新型蛋白质的过程中，进化中的遗传系统也遭遇过瓶颈。这些最初的迷你基因可能长到了包含100个碱基的长度，就无法再变长了。实际上，RNA不太稳定，虽然它已经复杂到了足以编码信息的程度，但结构上的不稳定性严重地限制了它的能力。此外，RNA也不是非常理想的长期信息储藏库。生命需要更加坚实、稳定的分子。

为生命引入全新信息储存方式的蛋白质是逆转录酶（reverse transcriptase），它能将RNA内储存的信息转变成DNA分子。这个功能就像HIV这类逆转录病毒的作用机制一样，这种作用机制也是基因工程中的核心过程。在逆转录酶的帮助下，RNA 就可以转变成更加坚实、稳定的物质，就像抄写员将文字作品从蜡版转移到更耐用的羊皮纸上一样。现代基因的长度足以容纳成千上万个碱基（人类基因组拥有大约 30 亿个碱基，排列在 23 对染色体上）。自此之后，虽然 RNA 不再是细胞内负责储存信息的主要媒介了，但这并不意味着它变得可有可无了。RNA 仍旧是形成生命的关键，负责协同细胞内的各个子系统发挥作用。信使 RNA 的作用类似于储存在 DNA 图书馆内的遗传信息的临时备份，并且还会将这些信息传输到核糖体（核糖体自身就是以 RNA 为基础的）上，而核糖体则会将指定的氨基酸（每个氨基酸都附在一个转移 RNA 分子上）连接起来，产生特定蛋白质。从作用上来说，核糖体就是点缀着各种辅助蛋白质的大型核酶，这个从古老世界流传至今的遗物承担起了细胞内的重要职责。即便是现在，RNA 世界也远没有消亡，RNA 病毒的数量仍旧远远多于细胞生命。从某些方面来说，现代细胞的内部环境与古老的 RNA 世界差不多一样，而 RNA 病毒不过是延续了这种古老的生命方式而已。

然而，RNA 世界的系统进化过程只是理论层面的推断，由于这个过程发生的时间太过久远，我们永远也无法证明事实究竟如何，只能通过实验考证到底发生了什么。已经有越来越多的人怀疑 RNA 可能并不是第一种能够自我复制的分子。只靠前生命时期的化学过程很难解释 RNA 的合成：碱基的形成并不困难，陨石中的无机氰化氢就能制造出它们，但核糖的制造就困难得多了。我们知道，陨石带来的另一种物质——甲醛，在碱性水中发生反应时可以产生核糖。然而，这个非特定过程只能生产低浓度的核糖，而且生产出来的核糖只是众多无关紧要的糖类之一。

一种可能的解释是：核糖根本不是通过非生物化学过程产生的。我们已经介绍过这种观点：代谢系统的出现时间很可能比遗传系统更早。这样一来，核糖就不必通过非生物化学反应的方式产生了，它可以是高级生物化学反应的产物。如果事实属实，那么完全有可能存在更为简单的信息携带分子先于 RNA 形成。我们在第 1 章讨论过的由四碳糖构成的聚合物 TNA 就是一种可能，甚至可能存在一系列先后形成的遗传系统，后形成的新系统全都战胜了更为原始的旧系统，直到王者级别的 DNA-蛋白质系统在第一批细胞中接管了遗传事宜，而卫冕冠军 RNA 则专注于"牵线搭桥"的工作。

第一批细胞生命

地球上的所有生命都利用 DNA/RNA 遗传系统和一系列蛋白质来监管自身的代谢机制。所有生命的最后一个共同祖先（last universal common ancestor，简称 LUCA）一定在原始生命完成古菌和细菌的分化之前就已经拥有了这些特性。最后一个共同祖先不太可能只有一种细胞类型，它更有可能是一大群疯狂地进行基因交换的有机体，一个由各种独立始祖生命构成的集合。随着各种生命形式源源不断地进化出来，它们的细胞系统也开始固化，灵活性则随之降低。因此，共享基因的概率也就降低了。最先固化的是基础蛋白质转译机制，而代谢酶仍旧在远亲生物之间传递。如今存在两种原核细胞——古菌和细菌。不过，当初从最后一个共同祖先那里分化出来的可能还包括其他完全不同的生命形式,它们也在不断地进化,交换基因,但最后都消亡了。这或许可以解释为什么真核生物中存在一些奇怪的基因,它们看上去与古菌和细菌中的所有基因都不相同。

萦绕在第一批细胞身上的最大谜团之一是:它们到底是自养生物还是异养生物?它们是自力更生,直接汲取能量并通过无机反应来固定碳(自养生物),还是需要消耗周围早已形成的有机分子(异养生物)?

如果原始大气层的还原作用足够强,那么由紫外线、闪电或者黑烟囱驱动的非生物反应或许已经为第一批细胞准备好了现成的复杂有机物大餐。随着生物圈的扩大,这种食物供应会逐渐减少,迫使饥饿的细胞进化出能够自行生产所需物质的方法,也就是从异养生物进化为自养生物。如果原始大气层的还原作用不够强,那么首先出现的可能就是自养生物,而异养生物则是在适应了依靠自养生物的生存方式后才进化出来的。

若想解开以上这个问题,方法之一是考察生命之树,它展示了不同细胞之间的亲缘关系。这棵树的根部,也就是目前与所有其他生物关系最亲密的有机体,会为我们提供一些有关共同祖先的信息。令人感到遗憾的是,若想画出这样一棵涵盖范围极广的谱系树实在太难了。这棵树的根部会随着所做假设和所用统计数据的不同而发生变化。就目前的情况来说,我们还不确定最后一个共同祖先究竟是自养生物还是异养生物。不过,从目前已经构建出来的彼此稍有不同的生命之树来看，存在一种普遍的模式。大部分生命之树图谱的中部都是超嗜热古菌，这表明，如今地球上所有生命的母亲生活在滚烫的水体中。这有力地支持了生命起源于深海热液喷口的观点，也就是黑烟囱理论。还有一种解释也同样说得通。在大撞击阶段的末期，那些威力强大到足以彻底煮沸所有水体并杀死地球上所有可能生命形式的撞击事件已经停歇了，而一些威力稍小但带来的能量足以让海洋温度大幅度升高的撞击事件仍在继续。或许，地球上出现的第一种生命并不嗜热。不过，能够活过大撞击时期的生命只有那些在极高温度下也能活得很好的细胞，只有它们才能重新占据这个世界。因此，与其说这是"嗜热的伊甸园"，还不如说是"嗜热的诺亚方舟"。

地球上最早的生命在哪里生存

我们现在几乎找不到能够追溯到地球历史最早期的岩石。即使真的存在完整、不间断的地球地质记录，前生命时期的化学作用也不会留下任何痕迹。地质中记录的细胞的最初迹象具有高度的不确定性，这也反映了天体生物学的一个核心问题：如何才能准确地识别生命，并且将其诞生过程与类似的非生命过程区分开来？目前用于追溯地球生命首次出现时间的证据主要有三条。

第一条关于最早期生命活动迹象的证据来自格陵兰岛的一片拥有 38 亿年历史的岩石区内。这些岩石是地球表面现存最古老的一批，经过千万年的高温历练（变形过程），已经被大幅度地改变了。某些研究人员声称，这些岩石矿物颗粒内的石墨富含较轻的碳同位素，这是生物过程的标志。自然环境中发现的碳 12 和碳 13 的比例是确定的：许多生物过程偏爱使用较轻的同位素，因为它们更容易被捕获，也更容易从化学键中被释放出来。因此，生物过程会改变碳 12 和碳 13 的比例。举个例子，二磷酸核酮糖羧化酶这种在光合作用过程中固定二氧化碳的酶所产生的有机物中，碳 12 的含量比自然环境中的高 2% 左右。相关研究人员声称，格陵兰岛岩石中碳的同位素比例就发生了变化，这肯定是因为它们在沉积阶段且还未发生变质时经历了生物作用。这个观点引起了非常热烈的争论。有批评者指出：第一，某些非生物反应也会造成碳 12 和碳 13 比例的变化；第二，这些岩石可能根本不是沉积出来的；第三，这些岩石中甚至根本没有碳。目前，越来越多的人拒绝接受这种薄弱且非直接相关的证据。

第二条有关极早期生命活动迹象的证据来自西澳大利亚瓦拉沃纳群的一层岩石。该证据的支持者声称，这些拥有 34.5 亿年历史的岩石中含有疑似细胞的微观特征，更准确地说，他们认为这里面含有 11 种细菌的化石。部分岩石的大小和形状表明，它们或许是蓝藻（化石），这是唯一一种能够进行生氧光合作用的原核生物。这个观点本身就有一个极大的问题，岩石中的这些生命痕迹出现的时间比其他许多最早出现的蓝藻记录和含氧大气层的证据都早了差不多 10 亿年。人们激烈地争论这些岩石中所含的究竟是不是细胞，毕竟纯地质过程也能产生类似的构型，比如矿物的水热结晶。

第三条证据来自穹顶状或者圆柱状岩层——叠层岩（stromatolites）。如今，这类结构多是由生活在温暖浅滩中的光合细菌群落和异养细菌群落创造的。这些细菌分泌出来的黏液会困住水体中漂浮的各种沉淀物，并将它们捆绑到一起，在水面上形成一层保护层。接着，这些细菌会占据这片暴露在阳光下的全新水顶层。随着时间的推移，这些生物膜就形成了由许多层沉积岩构成的大型结构（如图4-2所示）。人们在瓦拉沃纳群也发现了外观类似的岩石区，这些岩石的年龄大概有35亿年。因此，这片岩石区被视为极早期细菌（包括能够进行光合作用的蓝藻）作用的证据。然而，我们并没有在其中发现细胞化石，而且这些岩层也有可能是由非生物沉积物变形而形成的。虽然叠层岩无疑是生命的最初迹象之一，但和其他证据存在的争议一样，究竟何时出现的"生命最初迹象"才可以百分之百地确证为生物的杰作。

图4-2　西澳大利亚鲨鱼湾浅滩中的现代叠层岩

虽然生命出现的确切时间一直充满争议，但30亿年前左右的生命证据是毫无争议的。最晚到这个时候，原核生物就已经广泛分布在地球上了。它们或是星星点点地分布在热液喷口的深水和浅水区周围，或是在开阔海域表面附近漂流，或是整整齐齐地排列在海岸边缘，形成了由光合自养生物供养异养生物的生态系统。

我们在第1章简要地介绍了光合作用，实际上，它在地球进化史上扮演的角色非常关键，所以我们接下来更详细地探讨一下这个主题。

光合作用与氧气革命

得益于自养系统，虽然细胞不用再为了能量或者碳需求而依附于外界的有机分子了，但化学合成过程仍旧将生命限制在了氧化还原梯度极大的小范围区域内，比如热液喷口附近或者热液水体中。不过，光合作用（依靠太阳光而活）的出现将细胞从这些区域中解放了出来，让它们能够自由自在地在这颗星球上繁殖生长。

人们认为，光合作用的基础——叶绿素，最初是为了保护蛋白质以及早期细胞的DNA免受照射到地表的强烈紫外线的伤害而进化出来的。如今，臭氧层（太阳光作用于大气中的氧气就形成了臭氧层）吸收了部分紫外线，但在35亿年前，大气层中几乎没有氧气，对太阳光中的紫外线也几乎毫无防御能力。因此，生活在地球表面的生命就进化出了能够吸收太阳光的分子。一旦这些分子吸收了某个太阳光子，它们就必须将后者带来的能量驱散出去才能继续吸收下一个。实现这个目标的一种方法是，将被光子激发的电子传递到邻近的蛋白质上去。第一批光合生物利用这种电子能"垃圾"完成了固碳过程，并驱动氧化还原反应。然而，运用这种方法产生能量有一个限制：细胞需要一个稳定的电子源，这就意味着它们必须处在一个强还原性供能源附近。某些细菌取得电子的方式是氧化硫化氢——这种化学物质在热液水体中含量很高。不过，若想彻底地自力更生，细胞必须切断与此类环境的最后联系。

大自然找到的解决方案是：从水分子中攫取电子。这样，光合作用便可以提供一种可再生能源，让生命摆脱对环境中还原性离子的依赖。这项进步需要一种全新的补充光合系统，毕竟分解水需要比之前的方式多得多的能量，但它的好处就是能为细胞提供大量能量。

这种高级光合作用产生的污染物导致了生命史上最严重的几场生态破坏。对当时的生命来说，水在分解过程中会释放出一种含有剧毒的气体，而进行光合作用的细胞则会将它们排放到空气中。这种含有剧毒的化学物质会形成一些与过氧化物的性质相似的非常活跃的产物，进而破坏生命体中的复杂有机分子。光合作用直接生成的这种剧毒气体就是氧气，如今大气层中的大量氧气也是这么来的。现在，能够利用这种方式分解水的生命体只有蓝藻和与蓝藻形成内共生关系的植物细胞。

生氧光合作用可能早在35亿年前就进化出来了，但地球大气中氧含量上升的最早证据只能追溯到 25 亿年前。自那之后，地球大气和水体的氧化性稳定增强，而暴露在外的还原性矿物则被氧化了。如今，那时期形成的岩石上出现了一层厚厚的氧化铁沉积带，换句话说，当时的地球表面不断在生锈。一旦地壳对氧的吸收达到饱和程度，也就是不能再继续吸收氧了，地球大气中的氧含量就会迅速蹿升。之前出现的生命都是厌氧生物（不以氧为最终电子受体也能完成代谢）。对当时的很多生命来说，哪怕是微量的氧也含有剧毒，因此，它们的活动范围被限制在了诸如深海和地下深处这种氧难以抵达的地方。需氧生命之所以能在富含氧的环境中生存，是因为它们进化出了一套能够应对氧的破坏性影响的机制。到了距今 22 亿年的时候，大气中的氧含量已经升到了今天的 1%。接着，地球上的生命体发生了突变。在此之前，细胞（包括最初那些进行光合作用的光合细胞）只能限制含氧物质造成的破坏，所用的一种方法是在活泼的含氧物质攻击关键聚合物之前，产生能够与含氧物质结合并中和其活性的清除分子。而在此时，一些生命体采取了一种新的策略，将含氧物质的强大氧化能力收为己用。正如我在第 1 章介绍呼吸作用时描述的那样，氧能充当电子传递链末端最终电子受体的角色。一直用这种方式开发氧所含的能量，需氧细胞就能从有机分子中汲取比原来多得多的能量，而分解水的方法再怎么优化，也达不到这种效果。

大气中氧含量的提高还给生活在地表上的生命带来了另一重大影响。太阳光中的紫外线会分解大气中的氧并产生臭氧，而臭氧可以强有力地吸收紫外线。只要大气中的氧含量足够多，太阳光与氧之间的作用自然就会构筑起一面强有力的臭氧防护盾，这大大限制了抵达地面的紫外线。据估计，在地球历史的早期阶段，直射到地面的紫外线（会破坏 DNA）强度比今天至少高 40 倍。

光合作用的重要性再怎么强调也不为过。高浓度还原性无机化合物是一种相对有限的资源，这很可能限制了早期生命的扩张。光合作用的出现为生命提供了捕光细胞，提供了由捕光细胞支撑的系统，提供了几乎无限的能量来源。此外，这种生氧过程还会进一步增加地球上的氧含量，从而形成一面防护紫外线的臭氧防护盾，营养物质的燃烧也因此变得更加高效。有了光合作用，细胞只需要二氧化碳、水和光能就能复制自身。这三种简易、高效的生命砖块很可能在其他星球上也很普遍，因此，光合作用可以为整个银河系的外星生态系统提供代谢能量。卟啉是叶绿素、血红蛋白以及类似其他含金属分子的基础，它们也可以在外星世界合成。因此，叶绿素在外星世界也可能广泛分布。在后续章节中，我们将会探讨其他恒星系统中的生命体捕获恒星光能的可行性，以及天文学家如何在如此遥远的距离上深测外星世界中光合作用的蛛丝马迹。

真核生物和多细胞生物的出现

最早的真核生物出现于大约 20 亿年前，不过，具体的时间我们很难知晓，因为最早的真核细胞只有古菌或者细菌那么大，并且它们没有可以形成可辨识化石的细胞壁。有趣的是，它们的进化过程刚好与大气中氧含量的上升过程契合。这很可能不是巧合，细胞核的出现或许就是因为需要保护脆弱的 DNA 免受氧化过程的影响。这一时期，水中溶解的营养物质含量还很低，将线粒体和叶绿体纳为细胞器的内共生关系或许改善了能量利用效率，也提高了此前独立生存的各生物之间资源再循环的效率。许多真核细胞都是需氧的，比如人类的人体细胞。大气中充足的氧气对它们来说十分重要。从这个角度来看，氧气对复杂的真核生物来说是一把双刃剑——没有氧气，它们就没法存活；但如果内部细胞无法妥善处理摄入的氧气，就会造成极大的破坏。许多风险更大的能量反应都是由线粒体展开的。我在第 1 章提到过，人们认为线粒体曾是一种独立生存的细菌，后来才在真核细胞中找到了自己的归宿，而叶绿体则是唯一能够进行生氧光合作用的原核生物蓝藻的后代。

除了更复杂的内部组织、更大的 DNA 容量以及更强的基因控制能力，真核生物还有一个比原核生物强大得多的优势——它们在大约 10 亿年前实现了一次进化上的飞跃，特别擅长"群居"生活。无数单细胞真核生物聚集在一起会形成体型很大的生命。例如，成年人的身体就是由几万亿个细胞构成的庞大组织，所有细胞都为了整个生命体的健康牺牲了自己的个性。人体内的特化细胞超过了 200 种，每一种都是由数十万种不同蛋白质构成的身体某部分的子集。而且，这种高度复杂性完全是由一枚受精卵通过不断的自组织形成的。此前，生命的多细胞现象已经独立地进化了数次，例如真菌和微小的原生生物，而动植物更是如此。虽然原核生物也经常聚集在一起形成微生物群落，比如叠层岩和你牙齿上的牙菌斑。不过，真正的多细胞结构并不意味着简单的聚居生活。即便是一只原始动物，其细胞也会分化成各种类型，而且每一种都有自己的专属功能，它们锚定在坚实的细胞外基质上，还会互相交流，并将自己的繁殖权力交给另一些种系细胞。细菌世界也存在一些多细胞生命体的例子，不过它们相对简单，并且大部分是临时形成的。例如，粘细菌会在营养物开始枯竭时释放信号，然后聚到一起形成一团有结构的黏液，而这种黏液又会形成笔直的细菌杆，杆上的细菌互相合作，最终会释放出一股繁殖孢子。不过，无论在地球何处，细菌海藻和古水母都不会长出蕨类植物的那种复叶，毕竟，那可是多细胞生物才有的"装饰"。

尽管多细胞生命具有明显的优势，它们却没有在原核生物中普及开来，这点着实令人惊讶。生命体的体型越大，就越能逃脱天敌的捕食，对营养物质的吸收和储存也更加高效，还能更好地调节自己的内部环境，而内部分工的形成也会让整个生命体变得更加全面。或许，原核生物就是无法进行如此复杂的交流，遗传系统也达不到多细胞生命的要求，因而才放弃了这种具有明显优势的生命组织方式。不过，即便如此，原核生物仍旧是这个星球上最成功的生命，它们完美地适应了快速繁殖的生活，并且能够利用各种各样的能源。

寒武纪生命大爆发

据一些遗传学方面的证据显示，最早的复杂动物可以追溯到大约7.5亿年前，而最早的化石证据只能追溯到大约6亿年前。生命若想进化到如此复杂的程度，一些关键性的突变必不可少，包括胶原蛋白①和同源盒基因（homeobox gene），后者的功能相当于一组构建身体特征的开关。

大约 5.4 亿年前，大气中的氧含量是现在的 10% 左右。这个时期正好和地球生命的另一场革命同步，当时的化石记录中出现了大量海洋动物，种类之多令人叹为观止。我们今日见到的所有生物的基本构型，比如软体动物（如贻贝和蜗牛）、节肢动物（如龙虾和昆虫）以及脊椎动物（如人类和鱼类）最早都出现于那个时期。该时期的化石还记录了许多没能生存至今的怪异生命形式，比如图 4-3 中描绘的这种身披铠甲，长着一对锯齿状触须和数列游泳蹼的掠食者。

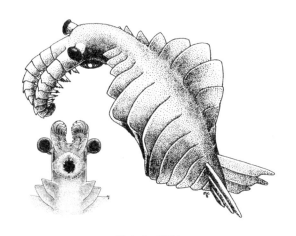

图 4-3　奇虾

注：寒武纪生命大爆发后出现的一种奇异动物，现已灭绝许久。图为艺术家想象出来的奇虾样貌。

---

① 细胞外基质将动物细胞结合到一起，其成分之一就是胶原蛋白。

这场进化热潮的起因就是如今备受热议的寒武纪生命大爆发。某些科学家认为，寒武纪生命大爆发并不是一场突如其来的生物事件，而是因为这一时期的化石状况发生了改变，致使早于这一时期的物种出现在化石中。还有一些科学家则认为，某个特定事件引发了生命体之间的进化竞赛。例如，眼睛的出现促使狩猎变得主动起来，从而引发了一场捕食者与猎物之间的适应性军备竞赛。

还有一种解释和天体生物学以及行星气候的稳定性密切相关。在第 3 章，我介绍了身处恒星宜居带的行星在各种威胁下战战兢兢、如履薄冰的情况：行星温度升高会引发不可控的温室效应，而不可控的冰川作用又会导致行星温度骤降，使整个星球被冰雪覆盖。相比而言，地球目前的气候似乎冷得有些不同寻常：在地球 90% 左右的时间内，两极都是没有冰盖的。不过，潜藏于岩石内的地球早期气候记录显示，在 7.5 亿年前和 6 亿年前的这段时期，这颗行星遭受了数次严重的冰川作用。这些事件不仅摧毁了地球表面的生态系统，还使真核生物几乎灭绝。

降温过程一旦开始，不断增多的白色冰盖区就会将越来越多的太阳光反射出去，而这会使地球温度进一步降低，而两极地区的冰盖区会不断扩张，在将要触及赤道时才会有所收敛，甚至整个地球表面都会被冰雪覆盖。此时，这颗"雪球地球"上的海洋被完全冰封，从而隔绝了太阳光，导致光合作用急剧减弱。如果缺少了氧气来源，海洋将在 10 亿多年来第一次进入无氧状态。此时的地球实际上已经窒息，大量生命即将灭绝。然而，我们仍旧生活在地球上，这个事实表明，某些原核生物和我们的真核生物祖先坚持了下来，它们在超大陆上的融水或者薄冰避难所，以及火山岛屿附近的冰川洞穴中顽强地生存了下来。某些研究人员怀疑，当时的地球表面并没有被完全冰封。他们认为，有一些清水区域的"泥浆地球"模型可能更符合当时的情况。

无论如何，这几场史诗般的冰河世纪，每一场都延续了几百万年，最后靠地球活跃的火山活动才终结了它们。由于当时硅酸岩几乎没有遭受侵蚀，空气中积聚的二氧化碳浓度达到了现在的350倍，保温性能如此之好的大气层引发了强烈的温室效应，使地球开始解冻。在这个恢复阶段，由于热带地区的温暖空气扩散到了两极地区仍旧处于冰封状态的荒原上，那时的气候变化必定非常强烈。出现于这个时期的沉积岩上的巨大涟漪表明，当时，风速高达70千米/小时的风暴长期在海面上肆虐。不过，地球气候最终还是恢复了平衡，而生命也再度占据了此前的生态位。这个理论认为：生命从如此严酷的环境中解脱出来，为复杂动物的出现提供了进化契机，并最终引发了寒武纪生命大爆发。

随着时间的推移，这场生命的旅程步入了当代，我们这才看到多细胞动植物与原核生物一起在陆地上繁殖生长的景象，曾经贫瘠的大陆上长满了绿色植被，而植物也进化出了扁平的叶子、坚实的木质躯干，以及开花、结果的过程。类似地，动物也进化出了自己的适应性特征，包括带有卵黄的卵、温血的生理特征以及拥有自我意识的智慧生命。

灭绝与创新和新生命形式的出现一样，是进化过程中的自然组成部分。生命史上频繁出现的灭绝事件就像没有调好频的收音机发出的柔和的静电声,并没有那么可怕,不过时不时会发生席卷整个星球的巨大死亡浪潮。自寒武纪生命大爆发之后,还发生过5次大规模的生命灭绝事件,每一次都毁灭了绝大部分陆地和海洋生命。引发这些灾难的成因或许与我们周围的星系有关,比如邻近恒星的爆发和稠密的宇宙尘埃云形成的事件,但这些宇宙事件也是生命所必需的,毕竟它们会产生重要的元素和有机分子。

就天体生物学而言,多细胞地外生命,特别是复杂的陆生动物很可能是某种异类。银河系中的绝大部分区域很可能只适合微生物生存,也就是能够在相对严酷的环境中生存的耐寒的细菌类生物。地球上的极端生物能够忍受沸腾的酸液、饱和盐水以及冰冷干燥的环境,而化能自养生物只能靠深层岩石中冒出的无机气体存活。更高级的生命形式对环境中的不利因素也更为敏感,它们需要更长时间的稳定环境才能完成进化,还需要成熟的生态系统满足它们越来越大的能量需求。我们能遇到的所有地外生命都很可能与地球上的原核生物类似,很少能够发展到真核生物阶段,更不用说多细胞动物或者陆地生态系统了。银河系内很可能存在着各种各样的生命,但我们需要借助显微镜才能观察到它们。当然,在我们的宇宙后花园太阳系中,鲜有研究人员会憧憬这样的情景:未来,我们能在地球之外发现比单细胞原核生物更复杂的生命形式。

A BEGINNER'S GUIDE

05
最有可能发现地外生命的火星

火星是距离太阳第四近的类地行星,也是被认为太阳系内最有可能发现地外生命的地方。长久以来,人们始终认为火星上有生命存在。20世纪60年代,有教科书将火星表面上暗斑的亮度变化解释为植被的季节性变化。有许多人认为,火星是一颗生机勃勃的行星,这些人中最有名的或许就是帕西瓦尔·洛厄尔(Percival Lowell)。20世纪初,这位美国天文学家大力宣传了他对火星表面纵横交错的大面积网格线的观察结果。在他之前,德高望重的意大利天文学家乔凡尼·斯基亚帕雷利(Giovanni Schiaparelli)第一个宣称观测到了火星表面的河道,并且猜测这是一些狭长的海洋。而洛厄尔大力扩展了斯基亚帕雷利的这个观点。他提出,这些河道是由远比地球文明先进的火星文明人工建造的运河,其目的则是将火星两极的融水运输到赤道附近的城市和农场中——这是火星文明在这颗奄奄一息的行星上的垂死挣扎之举。后来,越来越多的人开始怀疑,这些观测结果和以其为基础的各种论断都源自视错觉,是眼睛对我们开的玩笑。人类对火星文明的憧憬最后被一系列探测器发回的结果击碎了。

第一个抵达火星轨道的探测器是1971年发射的"水手9号"。在抵达火星后的几周内，探测器的视野完全被火星上的一场全球性沙尘暴遮蔽，什么也看不见。等到沙尘暴停歇后，探测器上的相机开始发回火星表面的照片。这些照片上无论如何也找不到洛厄尔所说的运河网络，不过照片上的景色令人叹为观止。热忱的科学家辨认出了火星上高耸入云（火星上的云很稀薄）的高大火山群，以及火星赤道附近的一条大裂缝。为了纪念"水手9号"的探测工作，这条大裂缝就被命名为"水手峡谷"。如今，整个火星表面都已通过激光测绘成图，精度可达米级。我们对这颗行星的地形地貌的了解犹如地球。

我们在火星上发现了许多地球上普遍存在的现象或者存在过这些现象的迹象。火星上的风有时会激起小型龙卷风——"尘暴"，有时则会激起剧烈的大型沙尘暴。火星地表上广泛分布着流体作用的痕迹：流经高地的峡谷、受到侵蚀的海角、边缘部分模糊了的陨石坑，以及沉积物形成的大面积三角洲。在火星年轻的时期，火山活动一定比现在活跃得多。据初步的证据证明，火星在诞生之初可能出现过有限的板块构造运动。人们认为，这些地质过程对地球生命的出现起到了至关重要的作用。我们先简要地介绍一下当初那个生机勃勃的火星的主要特征。

火星的地理特征是所有行星中最极端的，其最高的山峰和最深的盆地之间的高度差达到了3万米。塔西斯高地是火星地壳上隆起的一座巨大的火山，由于火星上从未出现过任何实质性的板块构造运动，这类火山的岩浆热点始终处于地表下的同一位置，从而使这些寿命极长的火山生长到了极其庞大的规模。火星赤道上耸立着一条由三座庞大的火山构成的火山链，其中任何一座火山都能令地球上的所有山峰相形见绌。这条火山链的西北处坐落着整个太阳系内最大的火山——奥林匹斯火山，高达 2.5 万米，差不多是珠穆朗玛峰海拔的 3 倍，山顶凌驾于火星的大部分大气之上。水手峡谷自塔西斯高地起，向东绵延了 4000 千米，其中某些地点的深度达到 7 千米，看起来如同火星"脸上"的一条大抓痕，它也是为数不多的几个可以证明"洛厄尔运河"的确存在的特征之一。火星地表的最低点是庞大的撞击陨石坑——海拉斯盆地，其外缘是一圈山脉，而这个山脉圈的直径达到了 4 千米。这个撞击盆地是在大撞击时期形成的，当时，大量飞溅出的岩石组成了盆地的外缘。火星上最引人注目的地理特征或许是南北半球地形的显著差异。火星南半球多山的高地非常古老，并且存在许多大撞击时期形成的深度撞击坑，而北半球的盆地多数平整、光滑，其表面必定在更晚近的时候被重塑过。我们很快就会讨论这一点的重要性。

火星上有没有液态水

对于天体生物学家来说，最重要的问题是火星上有没有液态水。"水手 9 号"提供的早期探索结果并不乐观。后续发射的探测器明确证实火星没有浓密的大气——火星表面的大气压不到地球海平面处大气压的 1%。尽管火星大气的成分几乎全是二氧化碳，但如此稀薄的大气"毛毯"所能提供的温室效应只是杯水车薪。因此，火星上极其寒冷。在火星夏季正午时分，赤道地区的地面气温接近地球的平均温度，不过火星大部分区域的气温在全年的大部分时间都远低于 0℃，而两极地区的冰盖区温度低至 -140℃。如此之低的大气压和气温意味着，火星表面不太可能存在液态水。

火星表面的气温、气压条件低于水的三相点。此外，即使冰受到了太阳的加热，也会直接变成水蒸气。因此，即便如洛厄尔所说的运河真的存在，它们也永远不会流动，哪怕运河里是极咸的盐水。火星赤道附近任何裸露在外的冰在受到太阳炽热的照射后都已蒸发，唯一可见的火星表层水都位于两极地区附近。

后续火星探测器发回的高质量照片让人们重拾了火星上存在生命的信心。在这些新照片中，我们在火星寒冷的地貌上发现了一些有趣的地形，它们向我们讲述了完全不同的火星故事。照片清晰地展示了奔向北部低地（见图 5-1）的宽阔河道，以及蜿蜒曲折地穿过坑洼高地的庞大峡谷网络，无论是谁，都会觉得这些地貌看上去很像地球上的河道。

也就是说，火星上有可能存在流动的水，即便不是在今天，也必然存在于过去的某个时间点。这个前景让我们备受鼓舞，重新燃起了希望。火星年轻时期的环境比现在温和得多吗？它当时的大气层是不是远比现在厚，足以为火星保暖，并且提供液态水需要的条件？照片中展示的这些独特特征似乎的确表明了这点。然而，事实并非看上去的那么乐观。

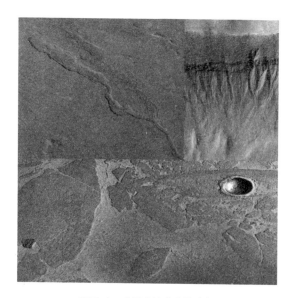

图 5-1 火星上液态水的迹象

注：图中的迹象既有古代遗留下来的，也有现代形成的。从图左上方开始顺时针方向分别是：从火山两侧流出的两条古老河道；新近形成的沿着撞击坑一侧流下的沟壑；表明火星这一区域不久之前可能是海洋的浮冰状特征。

尽管火星上的这些峡谷和河道看上去与地球上的很相像，但它们还是显示出了一些与众不同的特征。火星上的峡谷只能在南半球的高地上找到，这表明它们可能非常古老。照片上还能看到许多支流合并成更大的干流，向下游蜿蜒流去，最终流入了宽阔的平原地区或者撞击坑内。规模庞大的海拉斯盆地就拥有这样的峡谷网络：许多峡谷以海拉斯盆地为中心，呈放射状排列，就像自行车车轮的辐条一样。可疑之处在于，这些支流似乎并不是通过吸收附近的水源慢慢壮大的，而是直接从地底下冒出来的。研究人员认为，这些峡谷的成因并不是降雨（地球河流的成因就是这样），而是由冒出地表的地下水库促使形成的。

那些引流河道就更奇怪了，它们的规模大到惊人，宽度达到数十千米，比地球上的任何河流都宽阔，而长度更是长达几千米甚至上万千米，从高地地区蜿蜒流向火星北半球。和峡谷网络一样，这些河道似乎也出自地下，源头是一大片杂乱的地形区，面积大概有瑞士那么大，就好像这个地方的地表坍塌了，地下水库喷涌而出一样。许多引流河道是从地质活动活跃的区域流出来的，比如塔西斯高地的那些大型火山群。研究人员认为，这些势不可挡的滔天"洪水"是由火星地热事件突然释放出来的。火星上的大部分水资源可能储存于地壳，锁定在一层地下永冻层中。这层冰壳或许承受着巨大的压力，将液态水困在下方，直到火山活动造成冰壳断裂才释放出一股融水洪流。这些液态水一旦冒出火星地表，由于压力骤降，原本在高压下溶解在水中的二氧化碳就会立刻析出，形成一片向外喷射的瀑布，就像打开了一大瓶香槟一样。邻近地区的撞击可能也会触发这些大型水流，因为撞击产生的冲击波会震碎永冻层。一些计算表明，火星上的一股喷流每秒会释放出 10 亿立方米的水。地球上已知的最大洪水灾难是 8000 年前灌满黑海的那一场大洪水（这场洪水可能就是诺亚方舟这个故事的起源），火星引流河道的成因比这场洪水强上千倍，可以说是毁天灭地级别的大洪水。

以天体生物学家的观点来看，这些极端的固态永冻层和突然冒出火星地表的大洪水很有意思，这表明火星上存在大量水（至少曾经存在）。不过，这并不意味着火星上可能出现过生命。我们认为，生命出现的地点必须具有高浓度的有机分子，而且这些有机分子还要一起发生反应。这样的地点包括由液态水组成的温热地表水池，以及深层水域内热液喷口的周围区域。有什么证据能证明火星地表长期存在着液态水呢？峡谷网络终止于盆地这类可以汇聚水的地方。一些撞击坑内的沉积物具有整齐的同心圆结构，这表明该区域可能存在过湖泊，目前已经干涸，或者反复经历过充水－干涸的过程。正如我们在第 2 章讨论过的，这样的撞击坑湖泊可能是基于水热系统形成的。即便在火星目前的气候条件下，引流河道沿途释放出的水体也会保护这些湖泊，让它们免于过快冻结。火星北半球的低地构成了这个星球上最大的流域盆地，沿着河道奔流而出的大洪水会漫过整片平原，最终汇聚成海洋，而且在水分完全流失到地下或者升华到空气中之前，这片海洋可能维持了相当长的一段时间。一些从事火星北半球盆地卫星图像研究的科学家声称找到了古代火星海洋海岸线的证据。他们指出，照片中的一系列独特特征形成了一条连续不断的轮廓线，而这条轮廓线的轨迹与预期中火星海平面的高度大概一致。轮廓线下面的一片平原看上去特别平滑，或许就是均匀覆盖在火星古海床上的沉积物区。当时，这片海洋有 3 种可能的状态：第一，表面到处都是大片大片的浮冰；第二，整片海洋都被冻结了，几乎冻到了海床；第三，海洋变成由厚重的泥浆组成的湖泊（鉴于大洪水可能带来了许多碎石屑，这种可能性是最高的）。具体是哪种状态取决于当时火星的环境状况。然而，目前最普遍的猜测是，在那个洪水滔天的年代，火星上根本不可能存在海洋。火星地表上的所有水分很可能在下一次洪水来临之前就渗入了地壳，或者逃逸到了大气层中。

液态水存在的直接证据

有关火星液态水的历史和规模的线索都来自间接的证据（探测器于火星轨道上拍摄的照片）。直到十几年前，我们还不确定形成火星这种地形地貌的流体是不是水。火星上的这些峡谷网络、引流河道以及撞击坑沉积物也可能是由（至少有部分可能）非水作用形成的，比如其他液体、熔岩流、风，甚至是流体状的干尘流。直到2004年，最终的答案才姗姗来迟。当时一对探测器在火星表面上着陆，随后向地球发回了火星表面上长期存在液态水的确凿证据。"勇气号"（Spirit）和"机遇号"（Opportunity）这两辆孪生火星漫游车在相隔不到三周的时间内，先后在安全气囊的缓冲保护下于火星表面弹射着陆。它俩都找到了火星存在液态水的证据。我们接下来重点讲述"机遇号"的那些惊人发现。

"机遇号"的目标地点是火星北半球一片名叫"梅里迪亚尼"（Meridiani）的平原。之所以选择这个地方，是因为我们发现这个区域内的氧化铁矿物赤铁矿的含量非常高，而已知能形成赤铁矿的化学过程都需要液态水的参与。因此，美国国家航空航天局的科学家早就热切地盼望能有一架探测器探索这个地点。当"机遇号"升起它的全景摄影机看向四周时，负责这次事宜的团队就知道撞上大运了。"机遇号"非常幸运地落在了一个浅撞击坑的中央。该撞击坑表层覆盖着一层精细的暗色尘土，还布满了大理石大小的神秘"金块"——科学家戏称为"蓝莓"。撞击坑壁上则是裸露在外的基岩，上面有着清晰的沉积层图样。正如科学家所揭示的，这个撞击坑是搜寻液态水痕迹的完美地点。

毋庸置疑，梅里迪亚尼平原上的地面岩石就是沉积形成的，它们沉积在周期性的洪水形成的浅水海洋内。对该区域岩石化学成分的分析表明，促使岩石形成的液体绝对是水，并且当时的温度比较高，至少有 $-10℃$。不过，岩石内含有大量硫酸盐矿物——黄钾铁矾（jarosite），这表明当时水的酸性一定很高，很可能是因为其中溶解了火山气体。这种酸性水迫使地面上的盐析出，使这片海洋也变得奇咸无比。随着时间的推移，海洋中的水分蒸发殆尽，留下的干盐和灰尘拂过整个平原。不过在地下，岩石仍旧很湿润，于是铁化合物沉积下来，形成不断增长的赤铁矿块。这些矿石随后被猛烈的沙尘暴吹出岩层，最后散落在地面上，这就是"机遇号"登陆第一天看到的"蓝莓"。火星上这种洪水和干旱事件的循环重复了无数次，每一次都留下了一层薄薄的沉积物，直到岩石形成一个 300 米深的巨石块，将更老的多坑地貌掩盖在下方。虽然我们很难确定这片火星海洋存在了多久，但这么厚的沉积岩层至少需要 25 万年才能聚积成形。

"机遇号"的发现不仅证明了液态水反复充盈了梅里迪亚尼平原这片数十万平方千米的火星地表，还证明了这片火星海洋存在了很长一段时间。

火星生命的进化过程

火星生命的进化前景如何？峡谷网络和梅里迪亚尼海的存在表明，原始火星很像原始地球。在大撞击期间，火星很可能也从来访的陨石和彗星中收获了大量挥发性物质和现成的有机分子。实际上，由于火星更加接近行星盘中的雪线，它收获的这类物质很可能比地球更多。因此，火星更有可能是内太阳系中最早的水世界。地球生命所需的一切元素，火星也都有，有些甚至比地球地壳中的含量更丰富，比如铁，火星之所以呈暗红色，就是因为地表上到处都是陈旧的铁锈。不过，火星上的一些元素则比地球上略少一些，比如碘和钾。火星上唯一一种含量有限的重要元素是氮。火星地表矿物质中的氮更多的是其较重的同位素，这表明，大部分原初氮气随着其余大气成分一起消失了。然而，氮在原始火星上很可能并不稀缺，并且氮的缺乏并不妨碍火星的前生命化学过程。在火星和地球这两颗行星年轻的时候，火山活动都很普遍。这个过程会喷发出大量二氧化碳，形成能让行星保温的浓密温室大气。火星早期大气的还原性可能允许米勒-尤列式反应的存在，这样便能从火星地表的水体中构筑出生命大厦所需的有机砖块。撞击坑内、岩浆热点上方的地表水体中以及大火山两侧的湿润区域都有可能存在水热系统。因此，至少在某些地点，火星曾有过生命所需的一切基本条件：液态水、有机化学过程以及能量来源。

梅里亚迪尼海是我们目前唯一能确定的火星上曾长期存在过液态水海洋的环境。虽然这片海洋中的水又咸又酸又冷，但地球上的极端微生物可以耐受这些条件。即便地球上的某些金属矿（比如西班牙力拓矿盆地中的金属矿）排出的废水的酸度和咸度都很高，但在某些矿物质上照样发现了活细胞。而且，这些矿物质和我们在梅里迪亚尼海中找到的非常相似。不过，地球上很少有生命能够同时耐受极酸、极咸、极冷的环境。对于火星生命来说，更加困难的问题是：它们能否在每次海水干涸时留下的干燥、高盐的环境中存活。虽然我们还不知道在两次大洪水之间，火星地表持续干燥的时间究竟有多长，但有一点是肯定的，洪水间歇期内的环境一定比洪水期内的湿润环境严酷得多。某些地球细菌可以耐受短期的干旱环境。另外，我们还发现，有些包裹在盐晶体中的孢子可以存活上百万年。因此，火星细胞有可能会保持休眠状态，直到下次大洪水来临，珍贵的水体重新浸润火星土壤。

不过，这种断断续续的潮湿期是否有利于生命的进化，我们就不清楚了。生命一旦出现，它们就会适应环境并且向更极端的环境扩张，积极地将自己细胞的内部环境保持在最理想的状态。然而，所形成的复杂有机分子以及生命的前生命化学系统或许远没有那么精致，它们或许不能安然度过梅里亚迪尼海的干涸期，此时周围环境的咸度和干燥度都会大幅度升高。即便如此，对未来的火星探测任务来说，这片干燥的海床仍旧是一个激动人心的探索地点。如同我们在梅里亚迪尼撞击坑内发现的沉积岩，硫酸盐沉积物能将有机分子保护起来，比如，西班牙力拓露天矿的氧化铁沉积物就含有保存完整的微小细菌化石。因此，如果生命曾经确实存在于这片浅海中，我们很有可能会发现相关证据，哪怕生命消失已有数十亿年的时间了。

有些研究人员宣称已经发现了原始火星上的生命证据。这个证据来自一块造访地球的火星陨石，也就是一块棒球大小的火星地壳。通过分析这块岩石，我们将它的来龙去脉拼接了起来。这块陨石在火星形成后不久，也就是在原始火星地壳开始凝固的时候，由逐渐冷却的岩浆生成于地下。大约 40 亿年前，附近的一场剧烈撞击震裂了这片岩石区，并将这块岩石带到了火星地表。有明显的痕迹表明，几十亿年后，水从这次撞击形成的裂缝中渗出来，改变了附近的化学组成，并沉积了很多碳酸盐和其他矿物质。虽然这是火星较为晚近时期出现的液态水作用的证据，但这块岩石基本上没有受到液态水作用的影响，哪怕它在邻近地表上躺了几十亿年。

然而，即便当时的火星环境只有一点点类似于温暖、潮湿的地球环境，都不可能出现这种情况。因此，这块陨石很可能只在液态水中浸泡了几百年。大约 1500 万年前，附近地区的又一场猛烈撞击将这块陨石从火星地表上撞飞了。这场撞击很可能以倾斜的角度撞到了火星地面上，使覆盖其上的岩石垂直地向上弹射了出去。

13 000 年前，这块陨石抵达地球，像流星一样划过天空，落在了南极洲的大陆上，然后又迅速地被冰雪掩盖。随着时间的推移，冰川运动让这块陨石重现于世，其烧焦的外壳与雪白的南极地面形成了鲜明对比。1984 年，在南极艾伦山（Allen Hills）工作的科学家发现了它。这是当年在这一地区发现的第一块陨石，因此它在名册上的编码是 ALH84001。又过了 10 年，科学家确认了这块岩石来自火星，大家对它的热情迅速上涨。科学家对它进行了全方位的检测，有一组研究人员甚至声称，他们在研究中发现这块岩石中含有火星生命。这个团队还罗列了各种指向生物作用的相关证据（如图 5-2）。

05 最有可能发现地外生命的火星

图 5-2 在火星陨石 ALH84001 中发现的细菌状微化石样本

第一，ALH84001 中发现的分层矿物质与地球细菌代谢时产生的较为相似。

第二，ALH84001 中发现了各类有机分子，其中包括多环芳烃（我在第 3 章介绍过这种碳环分子，它们形成于星际尘埃云中）。

这组研究人员认为，这些多环芳烃与地球岩石中的各种同类物质有很大的区别，因此，这块陨石上的多环芳烃并不是其在落到地球上后从附近环境中沾染的。这种多环芳烃并非来自地球生命的代谢过程，而是源自有机物质的分解。例如，古代光合生物的叶绿素分解就会形成多环芳烃，因而它们在原油中比较常见。因此，ALH84001 中的多环芳烃确实有可能是火星上的虫子分解后的残留物。

第三，科学家用显微镜观察了这块陨石的内部环境，结果发现了另一种生命迹象。他们认为，显微镜观察到的细长节段就是火星微生物的化石遗迹。问题在于，这些节段都很小，直径大概只有几十纳米，差不多是病毒的大小，比最小的地球细菌化石还要小千百倍。我们不确定这么小的空间能否容纳生命的所有必要组件，比如遗传聚合体和酶。不过，我们对生命大小的下限知之甚少。目前被广泛承认的最小细菌的直径大约有 300 纳米，不过，据说地壳岩石中生存着更小的生物，它们有可能会引发心脏病。

关于 ALH84001 陨石中携带生命证据的观点也遭到了质疑，最普遍的反对依据是，上述的所有特征都明显不是生物学意义上的，非生物过程也可以产生这些特征，即使将数条模棱两可的证据组合起来，也没有分毫说服力。这种反对性的论断和我们在讨论地球上首批出现的生命时遇到的争议非常相像。ALH84001 陨石是否携带生命证据还没有定论，但人们对它的兴奋之情已经消散了许多。许多天体生物学家仍旧相信，火星过去曾有过生命，而部分人甚至认为，火星目前也仍有生命存在。他们只是认为，这块小小的陨石并不能算作火星上存在生命的铁证。

大气层丢失引发的环境崩溃

峡谷网络和梅里亚迪尼海出现的时间大致相同：它们都形成于火星历史的极早期。在目前的火星环境下，这两者都不可能出现，因为液态水要么被迅速冻结了，要么升华到了大气层中。这表明，这颗星球曾经的气候与现在迥然不同，当时的火星更温暖，环境也更好。引流河道形成的时间则比峡谷网络和梅里亚迪尼海稍晚一些，这也表明，火星当时的气候条件与现在的非常不同。当时，火星上的大部分水资源似乎都封存于地下永冻层中，只有附近地区的地热活动才能破解冰封，将融水释放出来。液态水若想在火星地表上稳定存在，必须满足以下条件：首先，地下必须一次性喷涌出大量水体；其次，在重新渗入地底下或升华到大气层之前，喷涌出的水必须在岩石上开凿出深深的河道。目前可以肯定的是，大约在35亿年前，火星环境发生了剧烈的变化。在那之前，火星气候虽然可能非常寒冷，但仍能支持地表液态水的扩张。而在这之后，火星环境很可能变得与我们现在看到的寒冷贫瘠的荒漠非常相像了。火星在非常年轻的时期就遭遇了一场灾难性的环境大崩溃，我们认为这与火星大气层的丢失有直接的联系。

如今，火星的大气层极其稀薄，但在远古时代，也就是在地球与火星刚形成的时期，为两者遮风挡雨的大气层应该颇为相似。大气中的二氧化碳、甲烷和水蒸气会形成显著的温室效应，将这两颗刚刚诞生的行星裹在温暖的褓褓中。更高的大气压和温度结合在一起，为液态水的长期作用提供了条件，而正是因为有了液态水的长期作用，才有了我们今天看到的遍布整个火星地表的相关痕迹。若想达到允许液态水存在的条件，当时的火星很可能需要一个比目前地球大气层还要厚几倍的大气层。这是因为火星与太阳的距离远比地球与太阳的距离远，而在太阳系形成之初，太阳的亮度也比现在暗25%左右。那么，如此浓密的大气从哪里来呢？大部分气体可能是由巨大的火山在火星内部热量的驱动下喷发出来的。而在引流河道形成之后，每一次触发大洪水的火山喷发都会释放足以让温室效应有所加强的二氧化碳，从而为火星提供一个短暂的温暖环境。然而，随着时间的推移，火星内部的热量储备逐渐耗尽，火山活动也随之减弱。火星内部已经奄奄一息，能为大气补充重要温室气体的火山喷发事件也越来越少。

能够补充大气的事件越来越少了，而导致大气流失的事件却有增无减。猛烈的撞击事件使气体迅速起飞，而快速移动的气体分子会逃脱火星的引力束缚，太阳风也会逐渐带走火星上层的大气。虽然某些气体会和火星地壳发生反应，并留存在这颗星球上，但当前较重的氮同位素占据数量优势这一情况表明，大部分火星大气已经丢失了。随着大气的流失，火星地表的气压和气温骤降，河流、海洋、湖泊的时代走到了尽头。

从很多方面来看，火星都无法避免这种命运。火星比地球小，质量只有地球的大约 1/10。事实证明，导致火星大气流失的罪魁祸首就是火星的质量，原因主要有三。

第一，火星的引力要比地球弱得多，因此无法束缚住大气中的气体分子，它们会迅速逃逸。

第二，质量更小意味着火星内部储存的热量很快会耗尽。虽然有证据表明，奥林匹斯山脉不久之前还存在火山活动，但实际上，从地热角度来说，火星地表已经死亡了，火星大气早就不充盈了。地球在数十亿年后可能会遭遇同样的命运。

第三，地球内部熔融铁镍核的热量让这颗星球拥有强大的全球性磁场，这在一定程度上不仅保护了地球免受宇宙辐射的伤害，还令太阳风偏转，削弱了太阳风对大气层的清除作用。科学家认为，火星曾经也拥有过强大的磁场，但出于某些原因，这个磁场很快就失效了，而火星大气也因此长期处于没有保护的脆弱状态。

至于大气层的流失对火星水体产生了何种影响，我们就不太确定了。如果火星水体均匀地分布于整个地表，那么根据两极地区可见冰盖区的含水量推算，冰盖下方的水应该有几十米深。然而，冲积出火星引流河道所需的最小水量是这个数字的几倍。那么，这些水都去哪里了呢？可能都保存在火星地表下，形成了好几千米厚的坚硬永冻层。哪怕火星北半球存在海洋的证据站不住脚[①]，但大洪水带来的大部分水资源按理来说都渗入了地下。火星南部高地（火星大多数引流河道的起点）也可能有大量水被封存在地表下的永冻层中。

人们普遍认为，火星永冻层的顶部深度大概为地表下几百米，而赤道附近的永冻层更深一些，毕竟，那里的温度更高，因而有更多冰升华。有迹象表明，火星某些地方的液态水在近期流过地表。例如，图 5-1 就展示了沿着撞击坑壁向下延伸的一系列冲沟。这样的特征不仅表明火星地表下有水存在，而且表明，即便今时今日，地热活动也能融化靠近地表的一部分永冻层。对天体生物学来

---

① 也许是因为当时的气候实在太冷，每一次大洪水都只能在冰冻盆地上溢出，而不是充盈成一整片液态海洋。

说，这一点意义重大。人们认为，生命对水的需要高于一切，而火星冰冷的地表下的最顶层显然有液态水存在，即便它不会持续太长时间。

极端环境中有无幸存者

如果火星地表的环境曾经比较温和，那么环境的崩溃对方兴未艾的生命会造成什么影响呢？火星环境崩溃的过程应该相当缓慢，并且很可能给予了地表生命足够的时间去适应环境，并发生进化。虽然岩石内的生命群落（比如火星南极干谷中的那些）可以在周围环境崩溃之后仍能生存很长一段时间，但如今肯定消亡于极度干燥、寒冷且充斥着紫外线的环境中了。或许未来有一天，我们能发现它们的化石遗迹或者分解后的有机物质。然而，迄今为止，我们只探测了整个火星地表上的两个地点。

1976年，两架"海盗号"登陆器在这颗红色行星的两侧实现登陆，登陆地点是科学家谨慎地挑选出来的。两架登陆器都携带着一个生物学背包和一个微型实验室——里头含有一系列旨在测试是否有生命存在的实验。

第一个实验需要一杯火星土壤作为样本，然后将其置于含有放射性同位素碳14的二氧化碳气体中。过一段时间以后，再对这个土壤样本进行加热，分离出其中的挥发性物质。令人兴奋的是，这些挥发性物质也有放射性碳同位素。这意味着，那些二氧化碳被土壤中的某些东西吸收了,就像地球生命通过光合作用或者化学合成过程固定碳一样。

第二个实验会另取火星土壤样本,并给它"喂食"含有放射性标记的有机分子营养汤。实验结果发现,该土壤释放出了放射性气体,就像生命在进行新陈代谢一样。

第三个实验往土壤样本里添加了一系列构筑生命大厦所需的砖块,比如糖类、氨基酸和核苷酸碱基,然后等待一段时间再观察土壤释放出了何种气体。结果显示,氧气几乎立刻就渗了出来,就像休眠中的细胞被热量和水分唤醒并开始进行光合作用一样。然而,当加入了更多水之后,释放出的气体开始逐渐变少,这可不像成长中的细胞会发生的事。将样本置于黑暗中也同样会释放出氧气。此外,即便将土壤样本预加热到可以摧毁地球细胞的温度,第一个实验和第三个实验仍旧得出了积极的结果。研究小组最初的兴奋之情一下子变成了困惑与失望。然而,当将土壤放在化学嗅探器下加热时,科学家的美好愿望被彻底击碎了。在这个实验中,土壤中含有的任何复杂有机分子都应该在分解成简单有机分子后蒸发,并被识别出来。然而,嗅探器连一丝一毫有机物的痕迹都没有探测到,更别提死亡细胞的分解产物了。没有有机物又怎么会有生命呢?对研究人员来说,哪怕没有生命的迹象,他们也期待能发现一定浓度的有机物,毕竟纵观整个火星历史,有那么多彗星和陨石坠落到了火星地表上。然而,土壤样本中根本没有有机物。实验证明,土壤中确实发生了一些化学反应,而这些反应在地球上都是生命存在的证据。但事实证明,这些样本中并没有生命。那么,火星土壤中究竟是什么物质在进行这样的反应呢？另外，为什么火星地表上找不到一点有机物的痕迹呢？

这两大谜题的答案很可能隐藏在同一个地方——火星大气层。火星那稀薄的大气层没有臭氧或者其他任何过滤物。因此，在太阳倾泻过来的猛烈紫外线面前，火星处于完全的裸露状态。这种辐射会渗透到土壤中，催生一些化学性质极为活泼的物质，其中包括超氧化物和其他自由基，还有像过氧化氢这样的强氧化剂。这些物质会迅速破坏并分解土壤中的有机物。也就是说，火星表面就像撒了一层漂白剂。当"海盗号"实验往土壤里添加水或营养物质时，它们也会被氧化剂分解并且释放出氧气和其他气体。"海盗号"实验表明，若想证明火星上是否有过生命存在，我们还需花费更多的努力和时间，而这些结果告诉我们的只不过是，火星上的这两个地点完全没有生命的迹象。化学分析仪器的探测结果表明，这两个地点的有机物浓度不会超过几十亿分之几（仪器精度决定的）。然而，即便每克土壤中含有几百万个细菌（大致相当于地球深层玄武岩区内发现的细菌密度），这个灵敏度也仍旧探测不出细胞。之后探测器所配带的新设备，灵敏度会比之前的高成千上万倍。

严酷的火星环境很可能会阻碍地表生命的形成。我们认为，太阳光中的紫外线及其产生的强腐蚀性化学物质给火星表层土壤进行了彻底的灭菌处理。这个氧化区域有多大我们还不清楚，但可能有几米深，因为火星土壤总是和风不断地混合在一起。下一代火星探测器若想找到火星生命的痕迹，就必须挖掘或钻探到这个生命致死层之下。除了侦测火星上的有机物之外，天体生物学家还迫切地想要知道这些有机物是否由生物过程生成。未来的火星探测器寻找的生命信号主要有两项：手性和同位素比例。正如我在第 1 章介绍的那样，许多生物分子有一大特征——它们的手性总是保持一致。因此，未来的仪器会搜寻任何出现差异的地方。生物代谢机制的第二大特征是，它经常偏爱较轻的元素同位素，比如在固碳或固氮过程中就是这样。我们很快会在后文讨论这项特殊的生物特征。

极端微生物可以生活在地球地表下方几千千米的深处，完全孤立于地表生态系统。这些地下岩石营养微生物系统依靠地质活动产生且溶解于地下水中的气体存活，它们完全不需要有机物和上方光合生物产生的氧气。虽然目前火星地表上了无生机，但其地下深处可能有生命存在吗？这类化能自养生物所需的原材料不过是浸泡在液态水（含有二氧化碳）中的玄武岩。岩石中的火山矿物质富含高度还原了的铁，这种铁会和水发生反应产生氢气。氢气是一种很重要的燃料，细胞可以用它来固碳，也可以利用它为自身的氧化还原反应提供能量。目前的普遍观点是，玄武岩在火星地表上相当普遍。那液态水呢？火星地表下方不远处就是坚硬的永冻层，永冻层虽然不是活跃的细胞的好居所，但这种水库可以延伸到很深的地方。我们认为，由于火星地表在大撞击期间遭受了长时间的猛烈冲击，因此比较脆弱，并且孔隙较多，这种特征一直延伸到地表下方极深处。火星永冻层这块全球性的海绵可以储存大量水。计算表明，如果它吸足了水，所蕴含的水量足以在火星上形成一片深达 1000 米的全球性海洋（假设这些水均匀地铺在火星地表上）。目前，我们尚不清楚这块海绵究竟吸了多少水。按照估算，如果那些形成引流河道的水及其在火星南半球高地的源头仍旧储存于火星地表之下，那么这片永冻层在赤道地区大约有 2 千米厚，在两极地区则差不多有 6 千米厚。在这样的深度下，如果火星内部热量产生的效应足够显著，可能已经将水冻层底部融化成了部分仍呈冰冻状态的泥泞地下水，甚至有可能融化成咸水蓄水层。在近期比较活跃的火山地区，液态储水层可能要浅得多。塔西斯高地是由大量岩浆上涌形成的，是一个相对接近地表的热源。盐水库可以提供类似于地球南极冰层内水体的生态位，那里栖息着既嗜盐又嗜冷的细菌。火星生命虽然可能不会像地球生命那样形成全球性的生态系统，但有可能会在一个个孤立的避难所里顽强地生存下来。在这些避难所里，局部地热能会融化永冻层，并且过滤出岩石内的营养物质。如果火星生命非常稀少，并且都聚集在地下深处的少数几个"绿洲"之内，我们应该去哪里寻找它们呢？答案是，我们或许已经找到了能够证明它们存在的迹象。

生活在深层玄武岩蓄水层中的化能自养生物会与氢气和二氧化碳发生反应，产生甲烷。在地球上，我们永远不会利用这种废气的排放来搜寻深埋在地下的生态系统，因为有无数其他生物过程同样会产生甲烷（包括栖息在人类肠道里的那些细菌群）。然而，火星上的情况有所不同，所以，我们可以通过探测火星局部地区的甲烷排放来寻找生命。实际上，火星轨道探测器已经在火星大气中发现了微量甲烷。这种气体可能是由小型火山喷发事件释放的，也可能是携带甲烷的彗星撞击火星后释放的，还有可能是由会产生甲烷的细菌释放的。太阳光中的紫外线会摧毁甲烷，刚释放出来的甲烷只能在火星大气层中维持几百年，之后就会被彻底清除。因此，无论是什么产生了探测器检测到的这些甲烷，这一事件一定发生在距今非常近的时期内,并且这个生产源很可能仍处于活跃状态。虽然目前火星探测仪器的灵敏度很难达到即刻就能探测到甲烷的程度,也不能准确地分辨出这些甲烷的来源,但我们在未来几年里会投放更多登陆器到火星表面,届时应该能在甲烷上升到火星大气时探测到这些气体,并定位它们的来源。另外,从原理上来说,我们也应该能证明这些甲烷是否源自生物作用。利用酶催化的生物反应会留下独特的印记:所产生的化合物通常偏向于最轻的同位素。例如,我们之所以能在地球的某些沉积岩中推测出生物活动的迹象,就是因为通过光合作用固定下来的碳比其他方式含有更多的碳12。如果火星上的甲烷也是由生物固碳作用产生的,那么它也会出现这种情况。

永冻层下方裂隙和裂缝内含水层中的水很有可能呈酸性,因为里面溶解了火山气体。另外,这些水也会很咸,咸到在寒冷状态下也能保持液态。从理论上来说,地下岩石营养微生物生态系统可以在火星永冻层底部的蓄水层中生存,我们可以通过泄漏的废气来确定它们在地表下方的具体地点。好消息是,我们不必为了搜寻生活在火星地表下的这些生物而钻穿数千米厚的坚硬岩石。古老的引流河道就是由地热活动活跃的地区的永冻层被融化后释放出的灾难性的大洪水形成的。有迹象表明,直到今天,火星上仍会发生小规模的此类事件,致使地下水喷涌出地表。图5-2就展示了此类事件的一个发生地。这个地方处于火星赤道北部一组裂缝的末端,到处散落着与地球极区海洋内的大块浮冰很相像的碎石板。我们当前设想的模型是:火星地下永冻层被融化后,大洪水淹没了整个大平原,形成了与地球北海大小相仿的一个湖泊。后来,湖泊中的水冻成了冰，而掉落在冰面上的一小层薄薄的尘埃和火山灰令其无法升华。令我们感到惊喜的是，这片湖泊的形成时间距今非常近，大概就在 500 万年前。我们期望火星地表下的细胞随着大洪水一起喷涌到了地表上，并且在湖泊冻成冰的过程中保存了下来。对于火星地下生命栖息地的探索来说，这是一个激动人心的目标。这些细胞甚至可能还活着，只是在冰块中冻成了假死状态。我们可以通过以后的火星探索将含有这种细胞的样本带回来，在地球实验室中将其复活。然而，在无情的太阳辐射和宇宙辐射（它们毫不留情地直射到完全没有防备的火星地表上）之下休眠了那么久的细胞，可能很难再活过来。地球上存在一些耐辐射细菌，它们的确可以抵御非常强烈的辐射，但那是因为它们在活着的时候可以修复辐射带来的损伤。冷冻保存的假死细胞做不到这点，它们或许只能在自己的 DNA 和蛋白质破损到无法复活之前，靠着冷冻存活 1000 万年。

长久以来，由于火星和地球非常相似，我们始终认为它是最可能存在地外生命的地方。不过，它绝不是太阳系中唯一可能的地外生命栖息地。过去几十年里，我们对太阳系的了解不断加深，天体生物学家也因此对其他潜在的生命栖息地产生了日益浓厚的兴趣。在下一章，我们会逐一探讨太阳系大家庭中的其他行星和重要卫星。

LIFE IN THE UNIVERSE

A BEGINNER'S GUIDE

06
太阳系中其他可能有生命的星球

从天体生物学的角度来说，我们可以用三条标准来衡量行星和卫星是否具备诞生生命的潜力：第一，是否存在可供生命利用的能量来源；第二，出现碳聚合物化学系统的可能性有多高；第三，是否存在液体溶剂。

地球生命的能量来源有许多，比如太阳光、还原有机分子以及无机离子的化学不平衡状态。闪电放电过程、热液喷口处的无机固定作用、紫外线、放射性衰变和宇宙射线的电离过程都能制造出营养丰富的有机物质，即便遥远的土星也能得到足以进行光合作用的太阳光。因此，"是否存在可供生命利用的能量来源"这一点应该是这三条标准中最容易达到的。有机分子在星际星云中的分布相当普遍，只要有足够的液态水和还原剂，碳聚合物的形成或许是大概率事件。如果我们能抛弃地球上的"水沙文主义"，其他液体溶剂也应该在可供选择的范围内。

牢记这三条标准，我们就可以评估太阳系中的每个天体的天体生物学潜力。曾经有人认为，太阳上也存在生物，天王星的发现者威廉·赫歇尔（William Herschel）就是这个观点的提出者之一。不过，自那之后，我们逐渐了解了太阳那热核熔炉的残暴威力，显然，它不是任何我们可以想象的生物栖息地。从太阳开始一路向外，我们会依次遇到岩石内行星：水星、金星、地球和火星。地球是最大也是唯一一颗表面存在液态水的星球。水星的温度特别高，霸道的太阳将它完全烤干了，表面根本没有水和有机物。不过，金星至少有存在生命的希望。

火星之外就是小行星带。通俗地讲，小行星带就是一圈岩石。人们认为，这个区域本来也可以形成一颗行星，但因为在木星强大引力的影响下，这堆碎石块无法完成这项壮举。再往外就是气态巨行星：木星、土星、天王星和海王星。它们的形成过程都比较类似：以一块冰岩为核心，然后捕获原始太阳星云中的浓厚大气，最终形成当前的样子。这些气态巨行星的地表（如果它们有固态表面的话）环境极其恶劣，完全不可能存在液体溶剂或者有机物。不过，在木星和土星云层的高处，米勒-尤列式的大气反应会产生有机分子。一些研究人员推测，这些气态巨行星可能具有空中生态系统。异养微生物，甚至光合微生物，可以漂浮在大气中的上升气流中，在沉降到大气内部致命的高热、高压区域之前快速生长并繁殖。其他生物则会通过巨大的氢囊保持浮力，像飞天鲸一样漂浮在云层中，以上面所说的微生物为食。然而，这种猜想和科幻小说中的揣测有何区别。我们通常不会将气态巨行星当成地外生命的首选栖息地。木星那些靠内的卫星倒更有可能存在生命，我们将在后文探索冰雪世界木卫二的生命前景。如果我们放宽对液态水的要求，将考虑范围扩大到其他液体溶剂和一些更为有趣的生物化学过程，那么，土星最大的卫星土卫六（又称为泰坦星）也是一个有可能的地外生命栖息地。在海王星之外，原始太阳星云的分布比较稀薄，一群像冥王星这样的小行星以及大量冰冷的彗星在太阳系的外沿游荡。我们可以直接将它们排除在地外生命栖息地的候选名单之外。太阳系外围极度寒冷，也缺少符合我们想象的液体溶剂和活跃的化学反应。

因此，在太阳系160颗左右行星和卫星中，天体生物学家手上的这张地外生命栖息地候选名单上只有4个候选者：火星、金星、木卫二和土卫六。我们已经讨论了火星，接下来我们到剩下的3颗星球上一探究竟吧。

完全不适合生命居住的金星

在20世纪初的科幻小说中，金星常被描绘成一颗郁郁葱葱的沼泽星球，浓密的大气层下隐藏着茂密的丛林。这种田园式的想象与事实相差甚远，金星表面上完全不适合居住，它是温室效应失控的教科书级案例。金星的大气几乎完全由二氧化碳构成，非常浓密，对地表产生的压力大概比地球大气强90倍，因而形成了非常强烈的温室效应现象，导致金星地表的平均温度接近500℃。这个温度高到足够熔化铅了，熔融了的铅会从低地地区蒸发腾起，在山顶上凝结成一片金属霜。金星的地表非常粗糙，布满侵蚀岩，它们是在偶尔出现的猛烈火山喷发中从金星内部喷发出来的。金星大气中的极少量水溶解了火山气体，有时会形成浓硫酸雨，而这些浓硫酸雨在未抵达地面前就在高温下再度蒸发。在夜间（由于金星自转速度较慢，这颗星球上的一夜差不多要持续 60 个地球日），当闪电在永远阴沉沉的金星天空中划过时，烧焦了的地面会发出暗红色的炽热光芒。

毫无疑问，没有任何生命能够在金星地表上生存，因为没有任何聚合物材料和液态溶剂能够经受住这种环境的摧残。然而，这并不意味着天体生物学家就要彻底放弃在金星上找到生命的希望。金星和地球就像一对双胞胎，两者的大小几乎一样，在大撞击期间也接收到了差不多的挥发性物质。因此，这两颗行星在青少年时期应该非常相像，拥有相似的大气和海洋，都有可能接收到了来自宇宙的构筑生命大厦的有机砖块，金星上的生命在这时可能已经起步。然而，在某个时间点，情势急转直下。由于离太阳太近，金星开始以越来越快的速度升温，直到它的海洋被彻底蒸发为止。水蒸气上升到大气层中，被太阳光中的紫外线分解成氢气和氧气，因为氢气分子太轻，金星的引力无法束缚，它们就逃逸到了宇宙空间。从本质上来说，这个逃逸的过程永远地偷走了金星的海洋。水分解产生的氧气则与金星表面的岩石发生了反应。因此，当前金星上几乎没有留下任何水，连大气中也没有。

虽然目前我们还不知道这场灾难具体是什么时候降临到这颗兄弟星球上的，但估算可能在金星诞生 20 亿年之后，这比生命在原始地球上出现之前的准备时间长了许多。令人感到遗憾的是，自那场灾难之后，火山活动不断改变着金星的地貌，这意味着我们不可能找到金星表面古海洋或者细胞化石方面的证据，因为它表面上任何可能存在的生命迹象都被彻底抹去了。金星生命有可能适应大灾难而存活下来吗？部分天体生物学家认为，这颗星球上的一个地方可能仍有生命存在。金星浓密的云层中某一高度的环境和地球表面的差不多。金星地表上方大约 50 千米处，气温降至较为温和的 40℃，而气压也只有地球海平面气压的 70%，而且那里有少量液态水存在。不过，我们不知道的是，那个地方的硫酸浓度究竟有多高。这个浓度很可能处于地球嗜酸微生物的耐受范围之内。然而，生命可能存在于悬浮在地面上方数十千米处的水滴内吗？生命在地球几乎所有潮湿的环境中都能蓬勃发展。虽然我们在地球平流层高处也检测到了细胞的存在，但生态系统是否可以不用降落到地面上，只靠悬浮在空中的云层支持呢？对于这一问题，我们应该打上一个大大的问号。如果这种生命形式的确可行，那么地球上空应该也栖息着许多生物。那么地球上方的云朵为什么没有在空中光合微生物的作用下变得碧绿青葱呢？

如果这种外星生态系统的确可以长时间维持，那么它就能从太阳光中汲取巨大的能量。当我们从最熟悉的可见光波段跳出来，透过紫外线波段观测金星时，原本平平无奇的云层会出现一些非常奇异的现象。在紫外线波段下，金星大气中会出现许多变化莫测的复杂暗色旋涡，与较为明亮的地表形成对比。这些暗色旋涡的规模可能小到只存在于局部地区，也有可能大到波及整个星球。这些暗色旋涡表明，该区域正在吸收太阳光中的紫外线，而这个过程吸收的总能量差不多占到了金星吸收的全部太阳能的一半。这种现象有可能是藏身于大气高处的大量金星微生物利用紫外线（而非可见光）进行光合作用时产生的吗？答案很可能是否定的。不过，如果生物学家对过去 50 年内生物学翻天覆地的大发展有所感悟，就不应该低估生命适应每一种可能生态位的能力。

游荡在太阳系宜居带之外的卫星

即便用最廉价的望远镜，我们也可以观测到木星最大的 4 颗卫星：木卫一、木卫二、木卫三和木卫四。伽利略于 1610 年第一次将望远镜对准天空时，就发现了这 4 颗卫星（它们也因此被称为"伽利略卫星"）。这次观测的结果，即宇宙中存在环绕着地球以外行星运转的卫星，促使启蒙时期的学者开始相信，地球并不特殊，也并不是宇宙的中心。最近，这 4 颗卫星还迫使我们重新思考天体生物学的初始假设。这 4 颗伽利略卫星形成于原始行星盘的雪线外侧，因而富含对生物过程至关重要的挥发性物质，比如，木卫二、木卫三和木卫四都含有大量水。虽然它们距离太阳系宜居带很远，但我们深信木卫二（可能还有木卫三）上存在液态海洋。然而，距离太阳如此遥远，接受不到大量太阳热量的天体如何才能维持这种液态水环境呢？

天体生物学家首次计算太阳系行星和卫星的热量时，可能稍微欠缺了一点儿想象力。在火星之外，哪怕是拥有浓厚温室大气层的行星也无法保留足够多的太阳热量，以防止液态水凝固。不过，太阳并不是唯一的热量来源。地球内部放射性元素的衰变也能释放大量热量，而体形比地球更小的这几颗伽利略卫星还有第三种热量来源：它们在木星强大引力场的深处运行，能产生强大的潮汐效应。

06 太阳系中其他可能有生命的星球

正如月球在环绕地球运行时会引起地球赤道区域的双隆起结构（这点在地球海洋中体现得尤为明显），木星的卫星在环绕木星运转时也会被迫变形。

在地月系统中，潮汐作用引起的能量损失导致月球自转速度变慢，最后形成"潮汐锁定"：自转速度与绕地球公转的速度相同。因此，月球总是以相同的一面朝向地球，我们永远看不到月球的"背面"。不过，这4颗伽利略卫星之间的引力作用会不断地拉扯它们各自的轨道，阻止它们形成与木星之间的潮汐锁定，但潮汐作用仍然会轻微地改变它们的内部结构。这4颗卫星会受到无休止的撕扯和挤压，因而产生内热，就像比赛中被反复挤压的壁球一样。卫星轨道离木星越近，产生的潮汐热就越多，卫星上的冰块融化或者部分融化成液态海洋的可能性就越高。木卫一是最靠近木星的卫星，它获得的热量极其多，导致整个星球都处于持续不断的火山活动中，火山活动甚至比地球还活跃。木卫一的表面包裹着一层呈鲜艳橙黄色的硫黄，它们是这颗躁动不安的卫星在不断倾泻内部物质的过程中喷发出来的。在如此强大的热能和化学能作用下，生命的前景一片黯淡。热量早已破坏了任何可能存在的有机分子，而火山将几乎所有的水分喷发到宇宙空间。与此不同的是，4颗伽利略卫星中距木星最远的木卫四的轨道几乎比木卫一远3倍，因此木卫四接收到的潮汐热要少得多。不过，我们目前没有任何证据可以表明，这颗卫星满是撞击坑（形成于大撞击期间）的古老冰冻表面上存在任何动力学过程。木卫四处于彻底的冰封状态，并且在形成过程中很可能连适当的物质分化都没做到，它的内部混杂着碎石块和冰块。不过，据认为，木卫二和木卫三的内部像地球一样有着分化的铁/硅区，而表面则覆盖着一层厚厚的水冰。

在木卫一和木卫四这两颗接收到的潮汐热要么太多要么太少的极端卫星之间，木卫二和木卫三接收到的潮汐热则较为适中。这些潮汐热足以融化冰层底部，驱动灼热的岩石核表面的热液喷口。这就定义了另外一种宜居带，如图 6-1 所示。定义这种宜居带的关键并不是太阳的热量，而是环绕巨行星运动产生的潮汐热。距离木星第二近的木卫二之所以会被我们视为宜居星球，正是出于这个原因。

图 6-1　木星最大的 4 颗卫星的轨道

注：距离木星最近的木卫一地表上充斥着极为活跃的火山活动，而距离木星最远的木卫四表面则显得古老而死气沉沉，这之间的变化和对比非常明显。由潮汐热定义的宜居带正处于这两颗卫星之间。从体积上来说，木卫二和月球差不多大。

木卫二

木卫二是 4 颗伽利略卫星中体积最小的，大致和月球大小相当。木卫二是太阳系中最光滑的天体，表面上覆有一层从白色到泥棕色逐渐变化的光亮冰壳。它表面上的撞击坑相对较少。我们认为，木卫二的冰冻地壳非常年轻，最多不超过 6000 万年。这表明木卫二仍旧是一颗活跃的星球，会频繁地塑造自己的表面，不断地将年老的撞击坑和潮汐压力产生的裂隙覆盖到新地表下方。

据可靠的证据表明，木卫二冰冻地表下方几十千米处有一层"泥泞"的冰，甚至可能存在一片较深的液态水海洋。这些液体有时会喷出地表，然后又在 $-170\,°C$ 的低温中再度结冰。这个观点得到了许多可以观察到的特征的支持。

木卫二地表上那些漫长的平行山脊似乎表明，这个地方曾是地下液体喷涌出时被强行打开的裂缝，后来又在潮汐压力的作用下再度闭合。某些地区的地貌甚至表明，当地的热源曾彻底融化冰壳，产生了数片短暂的开放水域。例如，图 6-2 中展示的这种地貌似乎含有大量的杂乱裂纹，其可能的成因是，冰冻地壳部分融化后破碎成了大型块状冰山，这些冰山在水面上四处飘动，而当地表再度结冰时，它们固定下来的形态和朝向与原来的大不相同。

图 6-2　木卫二地表上的一片杂乱无章的地形区

注：人们认为，这些长长的平行线就是潮汐作用打开的裂缝。裂缝打开后，部分冰冻地表融化，漂浮在水面上的巨大冰块在地表重新结冰前改变了朝向。

假设木卫二上这片封存于冰壳之下的全球性海洋真的存在，那么生命能否在这片海洋中生存呢？最接近这种情况的地球环境是潜藏在南极冰原下方深处的湖泊群。这个湖泊群大概由 100 个湖泊组成，其中的东方湖是目前已知最大的一个，大约有 250 千米长、50 千米宽，深度达到 1 千米。虽然东方湖上方的地表曾创下过地球表面的最低温度纪录（足以把人冻到麻木的 -90℃），但东方湖自身与地面之间隔了 4 千米厚的冰层，这里的温度高到足以维持液态水。上方厚重的冰层对这片冰原的底部起到了很好的保温作用，后者在地热的作用下融化，形成的水则沉积到下方岩石的沟槽中。科研人员对东方湖特别感兴趣，因为它与地球大气之间已经相互隔离了至少100万年。因此，生活在这种环境下的嗜冷微生物与地球其他生态圈的生物隔离了很长一段时间。天体生物学家迫不及待地想在这个湖泊中取样，看看里面到底生活着什么样的生物，但他们必须非常小心，以免污染这片原始水域。他们已经钻探到了东方湖顶部120米的区域内，并且发现了一系列休眠状态的细菌。若想安全地穿透整个东方湖，天体生物学家需要更谨慎的方案。一种设想是，利用拥有内部热源且彻底消过毒的探索舱，它会通过融化下方冰层的方式慢慢地下沉，而其上方的冰层则会在它通过后重新冻结，这样就能起到隔绝整个湖泊的作用。探索舱一旦抵达东方湖，就会释放出一个"水栖机器人"来探索这片寒冷的地下湖泊，分析湖水样本，搜索处于活跃状态的细胞。天体生物学家正在考虑在未来的探测任务中将这种探测器送往木卫二。那么，这颗卫星与世隔绝的海洋中存在生命的可能性有多大呢？

木卫二上这片潜在的海洋能够容纳的水量比地球总水量还要多，可以给生命的进化提供稳定的水环境。木卫二地表下方的环境很可能满足前面提到的三项标准中的两项，也就是液态水和有机化学系统。但木卫二是否拥有驱动代谢作用的能量来源呢？在如此厚的冰层下，光合作用是不可能存在的，不过化学自养方式还是很可行的。一种可能是，木卫二的核心区域会释放出像氢气这样的还原性气体，这些气体可以参与氧化还原反应，帮助生命汲取能量或者固定无机碳，正如生活在地球深处玄武岩上的地下岩石营养微生物生态系统所做的那样。另一种可能是，木卫二核心区域产生的潮汐热足以驱动海底火山活动和热液喷口，并将温热的还原无机离子气体排放到海里。某些计算结果表明，木卫二内部的热流相当于地球的 25%，与火星相当。因此，这颗卫星很有可能存在地下火山活动。虽然地球上沿着海洋中脊扩散中心分布的热液喷口可以供养化能自养生物群落和依赖于前者的异养生物群落，但这类生态系统很大程度上需要依靠光合作用产生的溶解氧，它们在氧化还原反应中会释放更多能量。而在木卫二的黑暗海洋中，这种情况明显是不可能出现的。因此，木卫二热液喷口周围的生产力可能要比地球上的低 1 万倍，能够提供支撑的生态系统也较为脆弱。

有一些人强烈怀疑木卫二上这片与世隔绝的海洋能否为生命的存在提供足够多的氧化剂。细胞若想从氧化还原反应中汲取能量，就必须能将还原燃料中的电子传递给氧化程度更高的化学物质。在地球上，即便没有光合作用，大气层也会保证水拥有一定程度的氧化能力，从而支撑化学自养体系。然而，木卫二上的海洋是密封起来的，所以，在相对有限的周期内，任何氧化还原电势都会达到平衡状态，这会破坏生命赖以生存的能量梯度。我们很难知晓，在这种条件下，氧化还原电势达到平衡状态具体需要多少时间，但木卫二上任何长时间存在的生态系统都需要稳定的氧化剂来源，而这就是破裂的冰壳所能提供的。

木星的强大磁场捕获了太阳系中最强烈的辐射，这些高能粒子会猛烈撞击木卫二的表面，使困在冰层中的分子发生电离，并给予分子相互反应所需的能量。水在受到高能粒子照射后会分解产生氧气和过氧化氢，这两种氧化性极强的化学物质都可以驱动氧化还原反应。我们认为，这些冰层中还含有二氧化碳，而二氧化碳可以用来构筑简单的有机分子，比如甲醛。我们已经知道，地球上的部分化能自养生物可以让甲醛和氧气发生反应。木卫二上的生命所需要的只不过是将冰层顶部的这些重要分子库转移到下方海洋中。我们看到的裂缝和融化现象可能就是这种转移机制的表现，也就是说，木卫二上的冰壳在某种意义上是一种固态大气层。木卫二地表冰层和下方海水的偶尔结合会将大量营养物质释放到海洋中，这可能会促使微生物大量繁殖。在这种阵发式成长期的间隙，细胞可能会处于休眠状态，在冰冷的海洋中四处漂移，等待上方营养物质的下一次"发放"。通过这种方式，地下海洋就可以周期性地补充氧化剂。因此，从效果上来说，化能自养生物在宇宙辐射的帮助下活了下来。尽管如此，通过这种机制产生的氧化剂是否足以支撑整个生态系统，仍旧是一个高度存疑的问题。

即使机械探测器能够发现木卫二热液喷口的热点区域，它也很难直接识别出海水中的微小细胞。就像我在第 1 章解释的那样，我们希望能发现的更好的生物表征是，由生命的加速化学反应所产生的分层氧化还原反应带。在探测器探索木卫二上的海洋并发回数据之前，我们还得等上好些年，但届时，该探测器的发现将会成为像 17 世纪首次发现木星卫星那样惊天动地的大事件。伽利略若是知道在他进行人类历史上第一次望远镜观测天文的 400 多年后，那个他曾发现的微弱光点中不止有一片深藏于地下的海洋，还有一个地外生态系统，他会有多震惊！

离开木星系统，接下来天体生物学之旅将带我们去探索瑰丽的土星和它那最大的卫星土卫六。

土卫六

土卫六是太阳系中第二大的卫星,甚至比水星这颗行星还要大,它的另一称谓"泰坦"正是取自希腊神话中的巨人的名字。土卫六也是唯一一颗拥有稠密大气层的卫星,它的大气层比地球厚5倍,完全由烟雾和云层包裹,其大气主要成分是氮气,还有少量甲烷,这种组成很可能与原始地球大气很相似。土卫六的地形条件非常多变。2015年,当"惠更斯号"(Huygens)探测器打开降落伞,在土卫六稠密的大气中缓缓下降时,我们才首次窥见了这个外星世界的地表情况(如图6-3)。

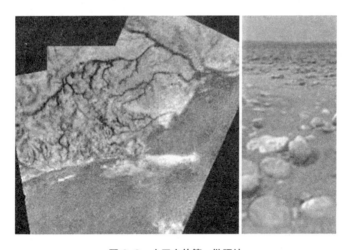

图 6-3 土卫六的第一批照片

注:左图为"惠更斯号"探测器在浓雾中缓缓下降时看到的土卫六表面,有清晰的河谷、明亮的高地以及干涸湖泊的暗色河床。右图为"惠更斯号"探测器着陆点,周围布满了冰砾。

土卫六看上去和地球惊人相似，高地上都座落着高耸庞大的山脉，低地上有泥泞的平原、良好的河道网络，高地和平原之间有明显的海岸线状边界。"惠更斯号"探测器抵达土卫六表面之后，摄像头捕捉到了一处布满"石块"的地点，流动液体的作用让这个地方变得非常平滑和光亮。土卫六地表上几乎没有撞击坑，这表明，在像地球这样地表活动活跃的星球上，风蚀作用、水流作用以及火山活动会频繁地重塑星球的地表。土卫六火山活动的热流部分来自土星的潮汐热，但大部分来自核心区域的放射性衰变。这颗卫星内部的热量可以将冰壳融化成地下海洋，并且在氨这种抗冻剂的帮助下维持液态，这片海洋或许深达 200 千米。当这种液体从壳层缝隙中喷涌而出时，就会产生"冷火山作用"，它不像地球那样会喷发出熔融硅酸盐岩石，而是喷发出一种由水和氨混合成的岩浆。还有证据表明，土卫六地壳中存在断层线，这意味着土卫六可能具有地震活动，甚至可能存在板块构造运动。

从活跃的地质活动来看，土卫六和原始地球非常相似。不过，它俩的主要区别是，土卫六温度太低了，它与太阳之间的距离比地球远 10 倍，从太阳那里得到的热量少得可怜。土卫六地表的平均温度大约是 -180°C，这种环境下是不可能存在液态水的。构建土卫六地貌的并不是岩石（也就是我们熟知的地球地壳中的硅酸盐岩石），而是冻得发硬的水冰——土卫六上的山丘和石块都是由冰形成的。土卫六上所有流体作用的源头都是液态甲烷，而不是水。当前的土卫六就如同冰封后的地球：大气层中的气体凝结成了液态，并在地表上流动，而像水这样的液体则被冻结成固态，筑成"石块"和山脉。

土卫六上的液体循环似乎和地球上的一样复杂，只不过土卫六上循环的是甲烷，而不是水。甲烷蒸发升空后会令空气饱和，进而形成云，云也会继续吸收甲烷直到不能再吸收，而此时，这些云很快就会变成甲烷雨落到高地上，然后一路向下流到平原上，沿着河谷继续向前流，沿途会带起沉积物，打磨岩石并将其带走，最后在渗入地面之前形成一汪浅湖。"惠更斯号"探测器着陆之初遇到了一点阻力，克服之后才踏上了柔软的地面。土卫六地表就像焦糖布丁，薄薄的坚硬地壳之下就是浸透了液态甲烷的松软地面。不过，甲烷云在这片朦胧的橙色天空中相对稀少，甲烷雨更像季风，每一个土卫六年（大约30个地球年）降雨一次。尽管如此，我们仍在土卫六北极附近发现了温暖的湖泊。

土卫六表面太过寒冷，化学反应的速度必然严重受限。对地球前生命化学时期至关重要的过程，比如氰化氢聚合生成氨基酸的过程，在土卫六上需要千万年的时间。因此，虽然土卫六上由氮气和甲烷构成的还原性大气可能有利于米勒-尤列式的化学过程，但地面上进行的有机反应会极其缓慢。土卫六更像时间暂停了的冰封原始地球。不过，这并不意味着土卫六上就没有有机物，而是意味着它展示了一些非常有意思的化学过程，我们还不知道这类过程是否会产生像氨基酸和核苷酸碱基这样的复杂物质。

土卫六大气高处的甲烷会受到太阳紫外线和困在土星辐射带中的高能粒子的攻击，与木卫二表面冰层中发生的情况一样，这些辐射会电离攻击它的分子，并给予后者互相反应所需的能量。这促使甲烷固定成各类更复杂的碳氢化合物。较大的分子会产生浓厚的橙色烟雾，覆盖在土卫六表面，并聚集在一起形成烟灰颗粒。随着这些碳氢化合物粒子的成长，它们会像轻柔的雪花一样慢慢沉降到地面。一场倾盆而下的甲烷雨会裹挟着这些雪花冲刷到下游，最后涌入宽阔的平原之中。在那里，这些碳氢化合物会在湖底积聚成一层厚厚的有机沉淀物。土卫六的低地比丘陵地区昏暗得多，这可能是由沉积在干涸湖泊底部的那一层碳氢化合物烟灰造成的。我们还在土卫六表面发现了沙丘，这种地貌特征很可能是由精细的冰粒构成的，但也有可能是由碳氢聚合物（塑料）颗粒构成的。综上所述，土卫六不仅物理活动活跃，而且其表面还富含与生物过程相关的有机物质。如果你能忍受土卫六致命的寒冷，生活在那里，鼻子里就会充斥着地球炼油厂中的气味：甲烷、乙烷和其他与石油化工有关的简单有机分子。

这样一个拥有奇特化学过程的寒冷星球能够维持我们所知道的生命形式吗？土卫六上肯定存在一些地热，它们会驱动冰火山作用，这也是可供漂浮碳氢化合物利用的化学能源。土卫六上也存在一些基础的有机化学过程，但我们完全不知道这颗卫星在前生命化学之旅中已经走了多久。在这么寒冷的环境中，是否有可能合成长碳聚合物？是否有可能合成遗传所需的具有自我复制能力的分子？是否有可能合成代谢酶所需的蛋白质？土卫六上似乎有大量液态甲烷，但我们不知道它们能否起到生物溶剂的作用。如果没有液态水，没有液态水在氧化还原反应中提供氧原子，土卫六上的这些简单的有机化合物能否形成足够复杂的分子？有人认为，氮原子也许可以替代很多生物分子中的氧原子，而这些生物分子可能是由液氨提供的。这种"氨肽"可能会取代氨基酸聚合物蛋白质的作用。就目前而言,我们对这种奇异的生物化学过程还不够了解,不足以推断出土卫六上的生命能否以这种方式存在。

不过,土卫六上的生命或许并不需要这种令人奇异的生物化学过程。土卫六和木卫二一样,都有地下液态水。土卫六上的温度非常低,这意味着它的地下水即便混合了氨也相当泥泞,更像地球地壳下方黏稠的岩浆地幔,而非木卫二上的全球性地下海洋。土卫六大气产生的有机分子,再加上地下液态水,或许足以支撑内部的生态圈。据计算,土卫六上的水-氨混合物的碱性非常高,pH达到11,温度也在-30℃之上,而冰火山热源地区的环境条件就更适合生命生存了。因此,土卫六上这片潜在海洋的物理条件应该处在地球极端生物的耐受范围之内。在土卫六历史的前1亿年,也就是这颗卫星刚刚形成,仍旧炽热的时候,它的表面都是开放性的海洋,这个时期是土卫六最接近真实地球环境的时期,生命可能从此发端。当时,有足够的太阳光供土卫六上的光合生物利用,不过这类生物在海洋全部冻结时灭绝,只有化能自养生物能够存活下来。

那么,土卫六上的化能自养生物可以靠何种化学能源生存呢?一种观点认为,这些生物可以利用土卫六大气产生的两种物质(乙炔和氢气)之间的氧化还原反应。乙炔(就是焊接喷嘴中的那种燃料)可以在甲烷池底部沉积的黏稠碳氢化合物中积聚起来。土卫六生命可以利用乙炔与氢气之间的氧化还原反应产生的能量驱动自身的代谢过程,并释放出废料甲烷。如果实际情况的确如此,那么这种能量来源就可以解释土卫六的一大谜团。土卫六大气中的任何甲烷都会迅速被太阳光中的紫外线摧毁,这个反应会产生由更为复杂的碳氢化合物组成的烟灰雪花，按照这个思路，土卫六大气中的所有甲烷应该在 1000 万年内被彻底清除。然而，实际情况是，甲烷仍旧占据了土卫六大气的 5%。因此，一定有什么东西在向空气中排放甲烷。冰火山或者湖泊都有可能是甲烷的来源，化能自养生物也是一种可能。支持这种生命理论的一些初步证据证明：与理论中预测的情况相比，土卫六实际大气成分中较轻的碳同位素要稍微多一些。正如我在第 4 章介绍的那样，这种对较轻同位素的偏爱正是酶作用的一大标志性特征。

土卫六生命还有一种可供使用的备选能量源，不过它非常怪异。紫外线和粒子辐射的作用会产生自由基，也就是一群极度活跃的化学物质，而自由基的重组会产生大量能量，地球生命根本无法控制这种化学物质。实际上，自由基正是有氧代谢和辐射会造成破坏的主要原因之一。在土卫六的极寒环境下，这些高能反应的速度会慢上许多，因而可能会被生命利用。

我们已经深度考察了近邻火星上存在生命的可能性，还挨个儿游览了一遍太阳系中的其他几个主要天体生物学地点：金星、木卫二和土卫六。不过，这些只是我们家门口的世界。星系远比太阳系大得多，它们会为天体生物学提供更广阔的研究空间。因此，我们现在就要将目光投向邻居之外的世界，投向布满天空的其他恒星。

LIFE IN THE UNIVERSE

A BEGINNER'S GUIDE

07
太阳系外可能有生命的行星

太阳系的邻居:类太阳恒星

在一个天气晴好的夜晚,如果你远离受光污染的都市,就可以看到天空中布满星辰。我们所在的银河系蕴含着数千亿颗恒星,如果这当中的一些小星点拥有行星系统,那么银河系内的行星数量将会非常庞大。太阳虽然是一颗相当小、温和的中年主序星,但它相当稳定,因此生命才得以孕育。天体生物学家正努力在我们的邻近地区寻找类太阳恒星。

天文学家已经确定了两颗毗邻太阳系的类太阳恒星。天仓五(又称为鲸鱼座 τ 星)是离我们最近的类太阳恒星,距离太阳系有 12 光年,用肉眼就可以清晰地看到。天仓五的年龄约有 100 亿岁,是太阳年龄的一倍。它布满尘埃的行星盘是太阳行星盘的 20 倍。这意味着天仓五星系拥有更多彗星和小行星,撞击事件频繁发生。气态巨行星也许能保护内行星不受致命撞击的威胁,但天仓五的任何一颗行星的夜空将永远布满纵横交错的纹路,它们是由划过天空的彗星与撞击大气层的陨石留下的。

天苑四（又称为波江座星）的体积和质量都比太阳小一些，质量大约是太阳质量的 4/5，年龄还不到 10 亿岁，非常年轻，因此该系统还处于剧烈的撞击之中。如果天文学家认为位于这些恒星系统宜居带的行星无法形成生命，那可能是因为这些行星遭受过多次剧烈的撞击，扼杀了生命的形成。

虽然一个星系中的类太阳恒星数量只占百分之几，但天体生物学家总是迫切地计算哪类恒星拥有适合生命存在的行星家族。他们用两个基本参数——温度和光度，来对恒星进行分类。恒星的表面温度可以通过发射的光芒体现出来。炽热的恒星呈白色或者蓝色，而温度比较低的恒星则闪烁着橙色或者红色的光芒。我们根据光谱为它们做了分类，并用不同的字母来命名，从热到冷依次是 O、B、A、F、G、K、M。恒星的光度与体积的大小有关，体积较大的恒星，光度一般比较高。太阳呈淡黄色，体积相当小，被归为 G 型矮星。天空中最亮的天狼星是 A 型星，位于猎户座的呈绯红色的参宿四是 M 型红超巨星。

在第 3 章，我们探讨了恒星宜居带。恒星宜居带是一个在恒星周围形成的环状区域。其中的岩石行星表面拥有稳定存在的液态水。许多不同的因素会影响行星，比如体积大小和大气的组成成分，这些都是最基本的因素。我们可以计算出银河系中任何一颗恒星宜居带的大小，远离炽热恒星的宜居带非常宽阔，而靠近冰冷恒星的宜居带则非常狭窄。图 7-1 列出了相应的关系图，并标注了这些稳定的恒星（不包括非常庞大的巨星）的类型、质量，以及太阳系行星与之匹配的位置。炽热的大质量恒星的宜居带更加宽阔，人们期待它们具有更多天体生物学的研究目标。大质量恒星面临的最大问题是，这些炽热的恒星竭力通过核聚变反应来获得能量，时间久了便坐吃山空，只能维持数百万年的生命，远远短于岩石行星上生命形成的周期。大质量恒星会发生剧烈爆发，成为超新星。爆发产生的冲击波将会摧毁任何一颗内行星，而散发的热量会炙烤巨型气态行星的卫星。因此我们认为，像 O 型星和 B 型星这样的灼热恒星一般不具备孕育生命的潜在条件。

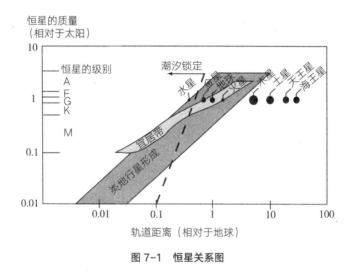

图 7-1　恒星关系图

耐人寻味的红矮星

从生物学的角度来说，比太阳质量更小的恒星更容易成为研究目标。最小的 M 型矮星的温度比太阳的低很多，发出的光芒呈黯淡的红色，非常微弱，即使天空中那颗离我们最近也最亮的半人马座比邻星都比太阳黯淡数百倍。不过，这些恒星的数量比那些重的类太阳恒星的数量多得多。如果它们的岩石行星支持生命的存在，那么银河系中生命绿洲的数量将会非常惊人。然而，这类恒星就像吝啬鬼一样，它们通过慢慢地消耗氢来摄取能量，因此，至今仍没有一颗 M 型矮星发生过死亡，它们可以存在数万亿年之久，宇宙早期形成的第一批 M 型矮星依然生机勃勃，活跃在当前的宇宙中。这种缓慢而稳定的节奏为生命提供了充足的进化时间，因此从天体生物学的角度来看，这类红矮星更具有形成生命的前景。然而不幸的是，这些红矮星不是理想的生命苗圃，它们还存在一些限制性因素，天体生物学家也不确定它们能否孕育出生命。

M 型矮星的宜居带比太阳的宜居带还要狭窄 5 倍。我们期待 M 型矮星系中有岩石行星形成，并拥有一个能稳定运行数十亿年的轨道。不过，红矮星宜居带存在一个限制性因素。图 7-1 表示了行星系统的其他两个重要参数。阴影部分代表恒星周围岩石行星成形的区域大小，如果小于这个距离，行星就无法成形，因为太阳星云中的尘埃无法聚集成形。而如果远于这个距离，并超出雪线之外，物质容易挥发凝结，行星胚胎便会变成像岩石那样的冰块，核心快速成长，并迅速吸收大量的气体成为巨大的行星，但其表面并不适合生命生存。图 7-1 的虚线表示潮汐锁定的极限。如果一颗行星的轨道太靠近母恒星，就会逐渐失去旋转动力，在几十亿年内成为潮汐锁定的目标，之后便会同一面朝内绕着母恒星运转。水星就在这个阈值里，因此它有一个锁定速度。金星也很靠近太阳，因此具有滞后的旋转速度，一个金星日相当于 117 个地球日。对于 M 型矮星来说，它们的整个宜居带位于潮汐锁定的极限内，任何宜居行星都会

07 太阳系外可能有生命的行星

很快成为潮汐锁定的目标;对于非常寒冷的红矮星来说,大多数宜居带都远在类地行星形成的区域之外,不可能有生命存在。

对于一颗围绕着红矮星旋转的行星来说,潮汐锁定会带来灾难性的后果。它的一侧因为一直面朝恒星而留下烤焦的烙印,另一侧则永远得不到一丝光线。整颗行星的大部分地方可能完全处于荒凉的状态:朝着恒星的一侧永远被烘烤着,天空中呈现出若隐若现的血红色;而背离恒星的一侧则寒冷刺骨,空气被冻结,雪片沉降在贫瘠荒芜的表面。在这两个极端环境之间可能存在一片区域,那里存在液态水,甚至生命,这是一片母恒星永远悬挂在地平线之上的薄暮区域。若想获得适合生命存在的机会,行星必须被母恒星牢牢地固定住,并且拥有稠密的大气层,能够重新分配和循环从母恒星获得的能量。当热空气从朝向母恒星膨胀的一侧转移到暗淡的一侧时,会对行星的平衡温度梯度造成影响,这可能会引起可怕的风暴。这类非常靠近母恒星的行星很可能难以保留稠密的大气层。据认为,火星失去的大部分原始气体,有一些是被太阳风卷走的。靠近红矮星的行星可能特别容易失去大气,因此它需要特别大而固定的引力才能稳住大气层,并且拥有强大的磁场来偏移恒星风。

此外,M 型矮星的"脾性"很躁动。它们的耀斑和黑子活动比太阳还要活跃,亮度的变化也非常迅速,幅度达到 10%。相较之下,太阳的亮度是平缓地增加的,在 40 亿年的时间里,只增亮了约 25%。从理论上来说,我们很难对可变光带来的影响进行建模,但可以肯定的一点是,行星的反馈系统将非常不稳定。靠近红矮星的行星的气候在温室效应和冰川这两种模式之间摇摆不定。太阳耀斑也可能会对地表生命构成威胁,当太阳耀斑喷发时,紫外线辐射水平就会骤然上升,长驱直入行星表面。如果行星拥有比地球更厚的臭氧层,或者具有类似土卫六光化学雾霾那样的紫外线过滤器,地表生命就可以得到充分有效的保护。行星还可以利用这样的反馈机制来控制紫外线水平:臭氧是紫外线分解氧分子产生的,而氧分子可以通过光合作用来生成或者由紫外线作用于空气中的水蒸气而生成。因此,如果穿透行星大气层的紫外线越多,产生的臭氧就越多,从而吸收更多紫外线。即使没有完整的臭氧层,行星上的生命还可以在地下避难,比如躲在岩石的裂隙中,此外,还可以通过生产大量像地衣这样的生物紫外线屏障来抵挡紫外线。

红矮星会随着年龄的增加而变得宁静和温和。在第一个10亿年甚至更长远的年代里,耀斑与黑子活动可能会成为重大的危险源。类地行星在诞生不久之后,火山活动会频繁发生,这将催生一个绝缘性大气层,并在接下来的几千亿年内孕育、发展出生命。然而,对于一颗围绕红矮星旋转且处于潮汐锁定状态的行星来说,天体生物学家还无法确定它是否拥有那些值得探测的目标。天体生物学家将着眼于那些类太阳恒星,并在这些恒星系统中努力寻找可能存在生命的行星。

捕猎行星的四种方法

我们虽然在很久之前就已经知道邻近星系分布有类太阳恒星,但无法确定恒星拥有行星系统的概率有多大。目前已经发现的许多年轻恒星都有星云盘。1991年，我们检测到有一颗行星围绕着一颗脉冲星旋转。脉冲星向宇宙空间发射出无线电波，随着自身的旋转，无线脉冲的方向也随之改变，犹如灯塔的光束。如果地球正处于脉冲经过的路径，天文学家就可以捕获这种脉冲。围绕脉冲星旋转的行星对脉冲星的引力影响会稍稍改变脉冲星的位置，因此这颗脉冲星与地球的距离也会随之变动。尽管脉冲星发出脉冲的频率是固定的，但随着自身的晃动，这种精确的发射频率也会发生变化，即使这种影响非常微弱。由于脉冲星富有规律地快速旋转（每两个脉冲间隔为1/6000秒），我们仍然能够探测到这种变化。天文学家还由此推断出，在众多与地球质量相当的行星中，有两颗或者一颗更小的行星围绕着脉冲星旋转。

尽管脉冲星是探测行星的理想选择，但它们是最不可能在周围发现生命的恒星之一。脉冲星是恒星爆发形成超新星时核心坍缩而形成的。这种环境无法容纳类地行星的存在，所以围绕脉冲星旋转的行星一定是从爆炸后的物质中形成的。这类行星外表宛如焦炭，完全没有成形。因此，天体生物学家需要利用其他技术检测更多类太阳恒星周围的行星。

当我写作这本书时，天文学家已经发现了168颗系外行星，以后会发现更多，而且发现的速度将更快。最近的系外行星离我们只有10光年，而最远则达17 000光年之遥。有18颗恒星拥有行星家族。目前寻找系外行星的方法有4种，如图7-2所示，第四种方法还没有发现系外行星。

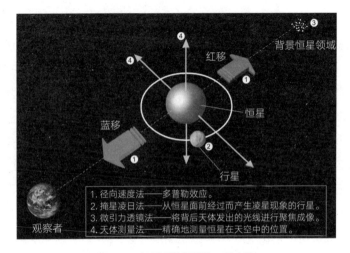

图 7-2　探测系外行星的 4 种方法

第一种方法是径向速度法，这是迄今为止最成功的方法，90%已发现的系外行星都是通过这种方法找到的。当一个物体接近观察者时，它发出的光频会变高（蓝移），而当这个物体远离观察者时，它发出的光频会变低（红移）。这种现象被称为多普勒效应，就如同迎面而来的救护车，它的警笛音调通常会随着距离的变化而升高和降低。多普勒效应可以告诉我们恒星相对于地球的运动速度。径向速度法可以找出由于行星围绕恒星运转而导致恒星运动速度发生小幅变化带来的效应。我们可以根据这种变动效应的幅度和时间推测出行星的质量与轨道。不过，在测量这颗行星的质量时存在一个限制，我们不知道这颗行星相对于地球轨道平面的倾斜度。如果这颗行星的轨道平面朝着地球的方向对齐，就算这颗行星的质量很小，我们也能够探测到它对母恒星造成的影响；如果行星系统是正面朝上，就需要一颗更大的行星来产生可被测量到的偏移。

第二种方法是掩星凌日法，这种方法用于检测周期性经过恒星而产生凌星现象的行星，它显然只能用于那些行星轨道平面与我们视线相齐的行星系统。因为在这种情况下，当行星经过恒星时，我们会观察到恒星的亮度会变低。

第三种方法是微引力透镜法，这是对爱因斯坦相对论的一种应用。这种方法得益于引力可以将背后天体发出的光线聚焦成像。如果天文学家的望远镜指向众多恒星聚集的区域，比如星系的中心，当另一颗看不见的恒星正好穿过其中一个天体与地球之间时，它可能会缓慢地变亮和变暗。如果这当中作为透镜的恒星有行星环绕，那么由这颗行星造成的微透镜效应也会体现在光变曲线上——在光变曲线上形成一个光点。

第四种方法是天体测量法，它需要精确地测量恒星在天空中的位置。当一颗行星绕着恒星旋转时，它对母恒星的引力作用会使母恒星的质量中心发生微小的偏移。从理论上来说，我们可以利用这种偏移计算行星的质量与轨道，但目前的仪器还达不到这种精度。

热木星

图 7-3 以太阳系为参照，展示了部分系外行星系统的概况。大多数行星系统与太阳系不同。太阳系内最大的行星——木星，其轨道半径是地球轨道半径的 5.2 倍（与图上的比例不符）。很多行星系统都有超过木星大小的行星，比如右摄提二（又称牧夫座 τ

星)系统的一颗行星,其质量超过木星质量的 4 倍,但轨道半径是水星轨道半径的 1/10。由于太贴近母恒星,这颗行星的一年只有 3 个地球日,而它的大气温度高达 1000℃,热得足以熔化你口袋中的硬币。这类行星被称为"热木星"。它们的存在实在令人费解。关于气态巨行星成形,标准理论认为,外围的一些冰岩小行星碎片通过吸积周围物质使自身质量增大,进而吸积更多来自行星盘的重质量气体。如果这个理论是正确的(基于太阳系的例子,这一理论是无可置疑的),就意味着气态巨行星无法在雪线内形成,因为它们太靠近母恒星了。热木星本不应该存在,但迄今我们却发现了很多这类系外行星。

(AU 表示天文单位,M_J 表示 1 个木星质量)

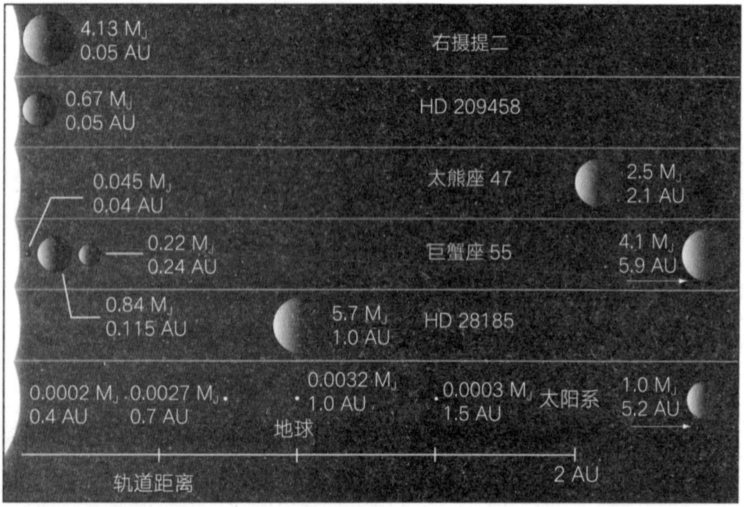

4.13 M_J 0.05 AU	右摄提二
0.67 M_J 0.05 AU	HD 209458
0.045 M_J 0.04 AU	大熊座 47 2.5 M_J 2.1 AU
0.22 M_J 0.24 AU	巨蟹座 55 4.1 M_J 5.9 AU
0.84 M_J 0.115 AU 5.7 M_J 1.0 AU	HD 28185
0.0002 M_J 0.4 AU 0.0027 M_J 0.7 AU 0.0032 M_J 1.0 AU 地球 0.0003 M_J 1.5 AU	太阳系 1.0 M_J 5.2 AU
轨道距离	2 AU

行星质量和轨道距离是分别参照木星质量和地球轨道距离给出的。

图 7-3 其他星系的概况

也许，这些热木星在形成时并未如此靠近母恒星，而是后来从其诞生地迁移到当前位置的。从理论上来说，一颗气态巨行星的引力与吸积盘中的残留物发生相互作用时，会失去部分轨道能量，从而稳定地朝母恒星旋转。这种轨道衰减会对正在形成的内行星造成灾难性的后果，包括那些偶然出现的宜居带行星，气态巨行星的引力干扰会严重扰乱它们的轨道，有可能导致碰撞，或者被弹出行星系统，在凄冷的星际空间徘徊，或者跌入热核恒星的火海当中。有证据表明，恒星大气中存在重元素，这说明恒星会吞噬行星。一旦行星系统清除了吸积盘中的残留物或尘埃，迁移就会停止，正因为如此，我们才得以逃脱木星的冲击。有迹象显示，在太阳系的早期，木星从最初的诞生地迁移到了当前的位置，大概迁移了10%。

即使气态巨行星位于宜居带，它的表面也有可能一片荒芜。目前已检测到的系外行星没有一颗能承载生命，这意味着，热木星毁灭了宜居带存在类地行星的希望。不过，这些气态巨行星的卫星都是极为有趣的世界，比如木卫二或者土卫六。这些卫星若适合生命生存，则需要具备行星所具备的条件。为了能够承载生命，首先，这颗气态巨行星的轨道需要在宜居带上保持数十亿年不变，其次，它不能有大幅度的偏心轨道，这样可以避免气候的波动。这类气态巨行星的卫星不太可能缺少能量来源，因为它们可以通过气态巨行星的潮汐力从内部获得热能，从外部获得部分来自恒星的能量，从而在热液喷口周围或者通过光合作用产生大量自养生物。因为这些卫星是在雪线外形成的，在气态巨行星进行迁移而牵动它们之前，它们承载着挥发性物质，包括有机分子与组成大气和海洋的成分，可能还有更多有用的物质，比如木卫三和木卫四上面至少有50%的水冰。如果木星迁移到太阳系的宜居带，这些水冰将会融化，形成深度达上万米的全球性海洋。或许光合细菌可以在水面上愉快地漂流，不过，海洋底部的强大压力会扼杀热液喷口周围的生命。目前，我们尚不清楚在这种条件下能否形成生命。即使作为地球气候恒温器的碳酸盐－硅酸盐循环也不会在没有陆地表面的卫星上起作用。这些卫星会成为潮汐锁定的对象，相对于行星的旋转速度，它们的速度将会非常缓慢，这就与靠近红矮星的行星的问题如出一辙。浓厚的大气层可以重新分配不均匀的热量，但若想留住大气层，卫星至少要比太阳系最大的卫星木卫三大三倍。不过，这些都不是关键问题。气态巨行星的卫星是否存在生命还是一个未解的谜团。事实上，天文学家宣称已经发现了这样一颗适宜的气态巨行星。

如果你住在北半球，在一个晴朗的冬夜（南半球是夏夜）漫步到后花园，举目仰望著名的猎户座，可能会发现，猎户座脚下的波江座蜿蜒而过，曲折盘桓。这当中流淌着一颗谦逊的恒星HD28185。不过，它太暗了，无法用肉眼看到。图7-4标示了它的位置，这颗恒星是一颗黄色的G型矮星，温度稍逊于太阳。2001年，天文学家利用径向速度法发现它有一颗行星，质量是木星的5倍，因此，那里不太可能成为生命的摇篮。不过，这颗行星有一个圆形的轨道，而且位于宜居带（它的一年只比地球的一年多20天），所以它的卫星上可能存在液态水和生命。虽然天文学家还未发现这颗行星的卫星，但他们认为，这是寻找地外生命的极佳候选之一。

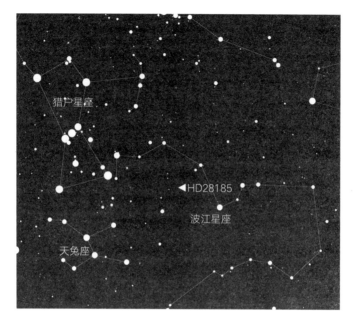

图 7-4　恒星 HD28185 的位置

在发现迁移的气态巨行星之前,天体生物学家很少考虑过宜居带内存在大型卫星的可能性。另一个令人大开眼界的观点反驳了行星只能在单恒星系统内形成的假设。太阳是一颗孤独的恒星,与其他恒星同时形成于星际云中,幸运的是没有被其他恒星的引力束缚住。然而,银河系当中 2/3 的恒星至少有一颗伴星。离我们最近的比邻星是一个三星系统,与半人马座阿尔法 A 和阿尔法 B 相互绕转。太阳的"单身"可能就是它的独特之处,这也被视为适宜生命存在的关键因素。天文学家正在探测双星系统内那类运行轨道比较稳定的行星,比如,紧挨其中一颗恒星旋转或者位于恒星周围一个很宽位置上的行星。然而,以"8"字形环绕恒星的轨道是极其不稳定的,这样的行星最终会被抛出双星系统。双星系统的引力作用会致使吸积盘卷走物质，因此周边不太可能有行星形成。2005年，天文学家惊喜地发现，在一个三星系统内存在一颗热木星，它平静地绕着类太阳恒星旋转，另外两颗恒星则在其外围运转。目前尚不清楚这类行星的形成机制，不过在热木星的上空，一定可以目睹到蔚为壮观的日落，红色、橙色、白色的太阳恒星不断呈弧形划过天际。

目前，最广为人知的行星系统是巨蟹座55A。它不仅拥有一颗迄今为止发现的最小的行星——一颗海王星大小的天体紧挨着母恒星，而且外围有三颗巨大的气态巨行星。如果能发现第五颗行星，我们就可以像认知太阳系一样尽可能多地了解这个完全陌生的外星世界，而土星将是最后的"游荡的恒星"。

然而，到目前为止，我们所发现的系外行星系统都有别于太阳系。这可能不是因为我们运气不佳，而是因为寻找方法上的偏差造成了一些假象。一般的寻找方法是，通过观测母恒星的光线、位置和速度来间接地检测行星的存在。然而，我们当前的设备的敏感度有限，不足以检测到紧挨母恒星的大行星。1996年，天文学家使用径向速度法发现了右摄提二的行星，相应的位移是每秒470米，而现在研究小组将这种测量精度提升到了每秒3米，这样的速度相当于土星对太阳产生的影响。这也说明了行星探测的另一个重要问题：土星的公转周期是30年，天文学家至少需要一个周期才可以确定已发现行星的质量和轨道。天文学家没有足够长的观测时间来检测那些紧挨母恒星的巨行星。不过，下一代望远镜将专门用来寻找位于宜居带的类地行星。

下一代行星搜索望远镜的使命

由于类地行星体积小,若想通过母恒星对其造成的效应来寻找它们是非常困难的,因此,我们需要更多有史以来最灵敏的望远镜。在很大程度上,地球大气湍流淹没了来自宜居带行星的信号,因此,下一代行星搜索望远镜必须摆脱地球的影响,遨游于太空。已经发射的开普勒空间望远镜的继任者旨在利用掩星凌日法捕获那些正在经过母恒星的小岩石行星。开普勒空间望远镜将在3年内观测10万颗恒星,并且每30分钟测量一次恒星的亮度变化。虽然这种技术只能检测沿着视线方向的行星,但我们依然期待能从所发现的行星样本中挑选出大约50颗类地行星。此处,还有一个寻找类地行星的项目——太空干涉测量任务,它将通过天体测量法来寻找那些导致恒星发生摆动的类地行星。这项任务需要对恒星的位置进行非常精确的测量,精确度相当于从地球上观察月球表面上的一枚硬币。太空干涉测量任务将采用干涉法开创惊人的壮举。

太空干涉测量任务采用两面单独的9米长的镜子来收集来自目标恒星的光线。这种干涉组合可以提高分辨率,而且能收集到更多暗淡的光线。来自两个反射镜收集的光线被组合后,光波相互干涉,将会产生明暗交界的干涉图样,其中波峰与波谷会相互合并或者抵消。这样一来,当恒星和绕轨道运行的行星发生摇晃时,相关研究者便可以在干涉图样中测量偏移量。太空干涉测量任务将使用这种巧妙的技术在低精度下测量2000颗不同的恒星,还要密切关注75颗最近的类太阳恒星。这将会为我们带来更多关于系外行星系统的信息,也有助于我们找到一些位于宜居带的类地行星。

小型望远镜可以通过基线阵列达到大望远镜的效果。目前，有几个小型望远镜项目正在规划中，其基线长度达到200米。如果你想要更大的阵列，就需要将目光投向宇宙空间。美国国家航空航天局和欧洲空间局计划批准的空间干涉阵列包括"类地行星发现者号"和"达尔文号"。虽然这两个探测阵列在部分细节的设计上略有不同，但对于每个阵列来说，都有着独立的镜面，基线距离长达数百米，它们会将来自恒星的光束合并。这样的技术难度非常高，因为每个望远镜必须精确地指向相同的方向，位置偏差必须控制在几十纳米以内。

用望远镜直接观测系外行星是一件非常困难的事情，因为这些行星靠近母恒星，反射的光是母恒星光芒的十亿分之一，会被完全淹没。这就如同在探照灯边缘发现一只爬行的萤火虫。探测系外行星的诀窍在于光谱的红外"热光"部分。物体越热，它发射的光频率也就越高。太阳会发射大量可见光和少量紫外线，地球因吸收了热量而发射红外线来保温。通过红外线来寻找类地行星，天文学家可以降低反差，测量100万次只会出现1次异常。

除了采用阵列模拟一个单一的巨大望远镜之外，还有一种方法可用于探测系外行星：来自不同镜子的光线可以进行重组，使视野中心的光线相互抵消，而来自稍微偏离中心的光线则不受影响，比如来自附近轨道的行星，这使得望远镜能够有效地降低恒星的亮度，从而使这颗行星脱颖而出。

远方行星的光芒

"类地行星发现者号"与"达尔文号"将通过隔离母恒星的眩光来探测系外行星,然后通过分析这暗淡的光芒来获取系外行星的更多信息。光线强度的定期变化和频率的变动可以揭示行星一天的时间长度;大片水域和陆地的区别可以通过红外波段体现出来。当行星旋转时,我们可以粗略地看到它的地理特征,然后绘制出陆地、海洋和冰盖区的分布,甚至可以判断云的比例,衡量某些区域的气候。当行星旋转时,我们或许能检测到云和冰的季节性变化。然而,对于天体生物学家来说,最令人兴奋的大概就是了解系外行星大气的化学成分。

一个世纪以前,我们已经能够通过物体发射的光线来判断其化学成分了。光通过分光镜(一种根据波长分解光线的装置)投射出来的图案犹如水滴产生的彩虹。不同物质发射或者吸收的光线通过分光镜后会产生不同的特征,比如原子气体会吸收光谱当中的可见光。1868年,天空中发生了一次日全食,天文学家通过分光镜观测到了一种特殊的谱线,于是发现了一种地球上未见过的元素——氦,对应的希腊语是"helio",意为太阳元素。

许多分子会吸收红外光,其能级对应于原子之间的化学键的不同振动模式。每一种化学键都会吸收特定波长的红外光。当光被吸收时,红外光谱图上会显示出光线被吸收的位置。我们可以根据被吸收的光线来辨别不同的分子,被吸收的光线就是分子的"指纹"。天文学家只要对来自系外行星的红外光进行光谱分析,就可以判断它的大气成分了。1999年，天文学家利用掩星凌日法观测到系外行星HD209458b的可见光光谱。这是一颗非常极端的"热木星"，由于太靠近类太阳恒星，它的大气层被炸开，弥散到了宇宙空间，看起来像一颗拖着尾巴的彗星。天文学家估计，这颗"热木星"每秒至少会失去10万吨氢气。这种大气的膨胀让哈勃空间望远镜获得一个良机：当这颗行星从母恒星前面经过时，哈勃空间望远镜对它进行了光谱观测，然后通过光谱发现了钠元素。这个结果并不令人意外。这颗行星的大气中蕴含的钠元素非常少，却能通过光谱被检测到，这更加说明了相应原理的准确性。一旦大型空间望远镜顺利运行，就有希望利用光谱来分析系外行星的大气成分。然而，这些系外行星的大气成分一旦被确认，就真能说明是否存在生命的迹象吗？我们如何判断数光年以外的这个世界不仅宜居，而且确实有生命存在呢？

通过光谱分析技术来探测系外行星大气成分的最初想法可以追溯到20世纪60年代，当时美国国家航空航天局试图推测其他行星上的生命会以哪种形式存在，所采用的一种方法就是借助光谱来分析大气的化学成分，这种实验只需借助安装在望远镜上的光谱仪即可，而不用发送专门的设备到系外行星上去。一些人推测，宜居行星上的大气处于化学失衡状态。行星上的生命体与生态系统（包括岩石、水、空气等）之间存在着复杂连贯的相互作用，因此，如果行星上真有生命存在，就会留下生命活跃的痕迹。这个观点被推崇至今，被称为盖亚假说，而盖亚是希腊神话中的大地之神。

没有一种生命是一座孤岛

地球上的生命蓬勃发展，并相互交织、关联，形成一个庞大的关系网络——生态系统。支持这个系统的是那些初级生产者，它们从自然环境中摄取能量来进行代谢与繁殖。初级生产机制包括地表生态中的光合作用、深海热液喷口周围或者深层玄武岩中的化学合成。其他异养生物，比如食草动物或者食肉动物，则从初级生产者那里获取能量而生存。有时候，两者会形成相互共生的关系，比如管虫与周围的热液喷口。最具生产力的生态系统是下述这种密集的生物链：动物吃植物、动物吃动物、植物寄生在其他植物身上，而动植物通过真菌、细菌等分解者再将营养物质返回空气和土壤中。类似这样的营养与能量循环也发生在开放的海洋中。在一定程度上，存在像热液喷口周围环境一样的孤立的生态系统。套用一句俗语来说就是，没有一种生命是一座孤岛，它自身不过是生物圈的一份子罢了。

生物圈也依赖于地球的非生物成分。生命的原料包括碳、氮和氧气，它们在行星的岩石、海洋和空气中不断循环。大气扮演了资源储存器的角色。此外，有氧细胞产生的氧气也是一个废品库，存储了代谢产生的二氧化碳。盖亚假说的实质是，生物与非生物不仅会互动，而且这种行为有利于其他生物达到生态平衡。整个地球系统是稳定的，有人甚至将地球形容为一个单一的"超级有机体"，通过自身的运转来达到稳定。毫无疑问，地球不是遵循任何设计来运转的，生物和非生物领域也没"打算"或者"争取"达到相互平衡的状态。地球是一个内部极其复杂，相互管理的系统，某些特定的反馈循环已经实现自动控制，并且限制远离均衡的变化。

我在前文已经介绍了地球上的这些循环反馈。碳酸盐－硅酸盐循环稳定了地球的气候，平衡了岩石的侵蚀和二氧化碳的水平。生命已然进入了这个重要的控制系统当中。海洋中的许多生物作用可以提高碳储存的速度，构建防御性的生物外壳，当这些生物死后，这些物质便会成为石灰石沉积物。土壤中的细菌加快了陆地上岩石的破碎，这是温度上升产生的结果，光合生物的数量也逐步覆盖全球，进而修复大气中的二氧化碳。光合作用增加了整个地球的氧化还原电势，并将氧气注入大气层，大大降低了地表与海洋有机物的沉淀。生物学过程对整个地球产生了广泛的影响，并塑造了整体状态和组成。然而，我们如何从广泛的非生物区域中辨认出生命的行为呢？

生命存在的标志

在生命的历程中，会发生一些非常特殊的事情。任何系统都有一个不可避免的趋势，那就是走向日益混乱的衰落。有生命的东西在原子层级（非生物）上的结构是复杂且有序的，但这种结构不能自发产生，必须经过严格控制的反应来形成。而生命必须从环境中摄取能量来驱动某些反应，从简单的前体中制造出复杂的分子。比如，植物从阳光中摄取能量，将二氧化碳和水通过光合作用转化成淀粉那样的碳水化合物大分子，然后释放出氧气。氧气非常活泼，可以很快与其他物质发生反应，并形成氧化物。因此，对于生命来说，通过光合作用产生氧气这样的化学反应至关重要。富氧的大气被认为是化学失衡的表现，因为氧气被生产的速度一定与其被清除的速度一样快。生命的一个必要副作用是，它改变了周围的化学环境，而其他情况不会产生这种结果。

富氧的大气对于生命来说可能不是一个良好的指标。我们知道，有些无机过程也可以产生氧气。例如，金星失控的温室效应将大量的水煮沸，使其进入高层大气中，然后被阳光中的紫外线分解为两部分，其中质量较轻的氢气迅速逃逸出大气，从而留下含量颇高的氧气，当它与还原性气体相组合时，会成为很好的生物指标。为了阻止氧化的进程，必须源源不断地制造还原性气体，后者可以迅速被氧化成二氧化碳和水。若想保持地球大气中的氧含量，使其远离化学平衡，就必须每年制造出 10 多亿吨的氧气。

大气中的氧气不仅对于水解光合作用来说是一个很好的指标，同时还能使任何生命进程更活跃，从而形成比单细胞（原始细菌）更加复杂的结构。相较于除了氟或者氯的还原反应以外的氧化还原反应，有氧呼吸作用能释放更多的能量。氟和氯这两种气体在大气中的累积含量过多，而氧气的含量则比较均衡。复杂的生物消耗的能量要比原核细胞多 10 倍多，因此，它们需要丰富的能量来源，比如动植物和真菌细胞。承载众多复杂生命的唯一途径可能是，拥有一个充满氧气的大气。

因此，如果光谱分析显示，某个行星的大气成分有失衡现象，比如含有高浓度的氧气和甲烷，天体生物学家就有根据来推测它上面是否存在生命。二氧化碳、水蒸气、甲烷都能为红外分光镜提供有用的信息，这些分子之所以能成为有效的温室气体，正是因为充分地吸收了红外线。虽然大气中的氧在红外波段中不易被识别出来，但阳光中的紫外线可以将它们转化为吸收能力更强的臭氧。

尽管如此，没有确凿的证据可以表明，失衡的环境就一定不会存在生命。虽然分布于整颗行星的生态系统可以通过行星的大气间接地反映出来，但少量而广泛分布的生命依然无法被检测到。火星上可能存在的生物也许已经撤退到孤立、深处的避难所去了。我们虽然可以检测到系外行星上的少量甲烷，但无法检测到它上面微弱的生命信号。即使在地球上，也是在历经了约10亿年的进化之后才出现了因光合作用而产生的可被检测到的氧气。

通过光谱分析技术，科学家在地球的大气中发现了一些生物信号。1990年，伽利略探测器越过地球，希望借助引力弹弓效应发射到木星。在飞往木星的途中，所搭载的设备测量了地球反照光谱。结果表明，氧气和甲烷的含量严重失衡，同时还发现了叶绿素的吸收谱线，叶绿素是光合作用中吸收阳光的分子。这些迹象综合在一起令伽利略探测器的控制团队完全确信，地球上确实存在生命。

最近的相关研究主要集中于观察地球反照光谱。地球反照是指地球反射太阳光照亮月球，再被月球反回的现象。在地球反照光谱上，天文学家可以识别出水和臭氧的光谱特征，还有赤色的植被。植物只吸收阳光中特定频率的光线，而反射全部的红外光，避免过热。如果我们的眼睛对光谱中的这个波段比较敏感，就会看到森林和草原呈红色，而非明亮的绿色。从电磁波谱上来看，植被反射了大量的红外光，从而获得一个绰号——"赤壁"。"赤壁"在蜂窝结构的植被中尤其明显，并不是所有的陆生植物都有这样的特点。虽然一些天体生物学家相信，遍布星系的生命有可能会利用叶绿素，它们的构成材料可以在星际尘埃云中被检测到，但他们不确定利用类似的光谱特征就一定能检测到外星森林。红矮星上的光合作用需要叶片结构或者类叶绿素分子将光调节到低能量水平，然后利用三四个光子释放出每个电子。广泛分布的植被应该能从任何光谱中被观察到，它们在光谱上增强与衰减的幅度会随着行星季节的交替而变化。

系外行星的面貌

除了提出"类地行星发现者号"和"达尔文号"这些空间望远镜的设想之外，天文学家还有更加雄心勃勃的计划。干涉仪的分辨率被跨越阵列的基线距离限制，一旦突破这个技术壁垒，阵列就可以任意扩大。我们为什么需要直径长达100米的虚拟望远镜，因为我们需要将望远镜布置在距离数百甚至数千千米的阵列上。这样一个巨大阵列的分辨率将会更高，可以分辨出遥远的类地行星的特征。这样的冒险工程——行星成像仪，或许能在30年内竣工和运行。虽然低分辨率的图像看起来犹如点彩画，但能让我们一睹系外行星的真实面貌。我们也许能看到遍布的陆地、海洋和明亮的极地冰盖。如果这类行星上有生命存在，我们就能看到赤道上的沙漠区域与草原和森林（作为植物供能生态系统，它们呈现为红色）之间的鲜明对比。当一个半球上的季节在夏季和冬季之间交替变更时，我们有可能会看到随季节变动的植被。

想象一下，在伽利略首次将望远镜望向天空仅仅 425 年之后，人类就窥见了一颗系外行星的面貌，这是何等的令人喜悦。

LIFE IN THE UNIVERSE

A BEGINNER'S GUIDE

08
复杂地外生命畅想

纵览全书，我几乎将全部的注意力倾注在原核生物上。相较于真核生物，这些原始生物的生命力更顽强，可以利用极其广泛的能源维持生存。真核生物在地球的整个进化史上大约存在了一半的岁月，而复杂动物和陆生植物只存在了 1/6 的岁月。简单的类原核细胞是目前最有希望探测到的地外生命。也许某一天，我们会在环境迥异的宇宙栖息地发现生命，比如在紧邻红矮星的行星上，在气态巨行星的卫星上或者在炽热行星的云层中。不过，复杂的动物需要非常稳定的环境，因此只可能出现在环绕类太阳恒星运转的行星上，而且这种行星具有板块构造运动、有水的海洋、坚实的陆地、富含氧气的大气层以及相伴的大型卫星。

类地行星上的生命如何进化

假如我们提出的条件适用于遥远行星上的多细胞植物和动物这样的复杂生命，那它们长什么样子呢？在这一章，我们放开想象力，站在坚实的科学基础上来推测类地行星上的复杂生命如何演变。你也可以重置地球，推测生命的进化，看看会形成哪些东西。如果将生命的进化当作磁带，重新开始播放，将会出现什么样的景象呢？你也许期待这样的结果：40亿年后，地球上出现了目前的生态系统，或者另一种世界景象，活跃着完全不同的陌生生物。

虽然俗语说条条大路通罗马，但目前生命的形成只有几种可能的方法。生命世界有可能被包裹在脂肪膜中的 DNA/RNA 和蛋白质主宰，生机勃勃的生命只能从有机物中产生。如果真是这样，类地行星上生命的进化过程将与地球上的生命相似。一旦出现第一批细胞，进化压力也应运而生，迫使生命利用所有可能的能量来争夺空间、营养物质和其他资源，或者相互合作、互利共赢。研究人员认为，一旦生命出现，类真核细胞的共生发展与多细胞生物的构建几乎会不可避免地发生。

虽然历经几十亿年，但人类与细菌的进化在许多方面并没什么变化，不过在将现有的蛋白质组合成新功能方面，进化确实很有独创性。大自然母亲远不是一名发明家，它主要扮演着工匠的角色——重新利用细菌工具包，为新问题献谋献策。例如，允许脉冲在我们大脑细胞中传播的隧道状蛋白质与跨越细菌膜的通道直接相关。从语言、哲学思考到航天飞机的设计，所有人类的想法都基于细菌在内部环境中发明的一项古老的分子技术。

另外，探索有机体所有可能的进化路径并不是异想天开，而是要遵循一定的法则，正如水流沿着陡峭的峡谷流淌。局部结构的进化可以解决特定的生存问题，而且这种进化会发生多次。例如，在动物王国中，眼睛就单独进化了很多次，从原始的感光点到昆虫的复眼，以及人类这种脊椎动物的眼睛。脊椎动物的眼睛堪称生物工程学上的奇迹，它们可以自动调节焦距和动态光圈，在广阔的视野下获得如水晶般清晰的视觉效果。这种与摄影机设计类似的眼睛在无关联的动物群体上独立进化了至少5次。作用在完全不同生物体上的自然选择趋同于产生相同的结果。头足类动物（如章鱼和鱿鱼）的眼睛优势远胜于脊椎动物的眼睛，因为当它们的视神经和眼球分离时不会有盲区。如果生命可以重新进化，你可能会认为动物很快会发展出视力。因为在感知环境方面，眼睛能为生命提供巨大的生存优势，即使这种视力没有摄影机似的眼睛敏锐。

进化生物学需要回答的一个重要问题是，无论生命重生多少次，生物的特点是否具有普遍性，以及是否可以重复出现。像眼睛这样的结构已经独立进化了好多次，是一个很好的候选者。我们可以期待类地行星上的生命也能承受一些条件而发生进化。生物体的有些结构的进化则无关紧要，历史的偶然性可以轻而易举地产生不同的结果：为什么一只手有5根指头？从进化上来说，5根手指头相较于4根或者6根而言可能没有更多的优势。一些进化生物学家认为，5根手指头可能是随机选择的结果，比如5根骨骼支撑鳍的鱼击败了它们旱地的近亲。如果有一条不同种类的鱼祖先首先爬上了岸，我们可能不太用10（10,100,1000……），而用8（8,64,512……）这样的基数来做计算。其他的随机事件也会对生态系统带来巨大的影响，比如有颗陨星有70%的概率在6500万年前撞击了地球。

不同的生物体会遵循同样的物理定律发生融合。在一定程度上，许多海洋物种，包括鲨鱼、鲸鱼和海豚这样的哺乳动物，已经灭绝的恐龙（如鱼龙），以及企鹅这样的鸟类，都具有锥形而平滑的身体，因为这种构造高效、精干。对于任何地外物种来说，若想在液态水或者液态乙烷中畅游，都必须拥有这样的构造。

在类地行星上，飞行的进化也可能是不可避免的。在地球上，这种特征出现在翼龙（已经灭绝）、昆虫、鸟类和蝙蝠身上。某些特殊的两栖动物，比如一些鱼类，甚至某类植物的种子，都有滑行的能力。尽管在空中飞行所需的能量严格限制了飞行动物的体型大小，但这种体型在逃避天敌和觅食方面具有很大的优势。科学家做过一些有趣的计算来判断在其他行星上能否飞行。小于地球的行星具有较低的引力，这样大气压就比较低。这意味着通过飞翼进行少量的升降和飞行可能比较困难，因此，飞行动物需要面积非常大的飞翼，才能舒缓地拍打飞翔。比如，三亿年前拥有75厘米长的双翼的蜻蜓可以自由地翱翔在天空中。令人感到奇怪的是，在有较强引力的行星上，飞行可能更加容易，因为这类行星的邻近地面具有厚重的大气层，这意味着即使大小适中的翅膀也会产生很大的升力。

地球动物的其他特征非常有效地适应了环境，其他行星的生物体也有可能出现类似的身体结构。原始生物体的构造就像一根长管，由重复、相对独立的枝节组成。这种分段结构有利于遗传系统进行编码，通过在末端添加新的枝节轻易地实现生长，这种动物通过自身的简单波动来移动，蠕虫就是这种身体结构。这种进化遗迹出现在由三个部分组成的昆虫身上，甚至出现在人类身体的椎骨和肋骨中。

动物处理食物和提取营养的一种有效方法是，沿着带有"入口"和"出口"的管道状肠道流动。人体的构造和其他脊椎动物一样，只不过由一个主干支撑的多肠道体系，再加上四肢组成。大型动物通过内部循环系统获得能量的最佳途径是，营养被输送到物尽其用的地方，然后移除废物。脊椎动物使用含铁分子的血红蛋白将氧气输送到代谢性细胞当中，因此血呈红色。其他金属离子也会参与到内部循环系统中，比如马蹄蟹的血液因含铜而呈蓝色，海参的皮肤在黄绿色之间变换。

收集周围的信息有助于动物找到食物，躲避天敌，因此，适当的感官进化是可以预测的。听觉能够在大多数环境下感知周边的动静，对生存大有裨益；在光亮的区域，视觉也非常有用；化学感应（味觉和嗅觉）通过接触化学物质来反馈信息。有些动物对磁场和电场非常敏感。集中的神经系统可以加速信息的处理速度，让你能够快速地感知附近发生的事情，减少反应时间。虽然高等动物的眼睛、耳朵、鼻子和嘴巴的位置不尽相同，但头部都位于身体前面。

植物世界也存在着广泛的趋同进化。植物进化出了5项基本技能：保持水分、保持体内气体和大气的交换、收集阳光、孢子可以扩散以及拥有机械稳定性。植物会根据当地的环境，因地制宜地生存。干旱地区的仙人掌粗而短，很少有分支结构，这样可以节约水分。植物通常有宽平的树冠，这样可以最大限度地增加光线吸收面积。外星世界也有可能存在类似的机制，或者形状类似的树木。在强风凛冽或者拥有强大引力的行星上，机械稳定性是首要考虑的条件。这里的树木比较低矮，很少会延伸出分支。在被红矮星潮汐锁定的行星上，如果存在可怕的飓风，这里的树可能长得像紫菜一样，拥有灵活的茎和流动的复叶，以便在呼啸的狂风中残存。

复杂的地外生命可能在许多方面与地球生命非常相似，我们可能会立即识别出外星世界的树木，甚至动物的一些特征，比如节、鳍、四肢、眼睛、内脏和心灵。感觉器官的排列、皮肤的构造和腿的数目更可能是偶然出现的，因此，我们无法预见生命会出现哪种特殊情况。

人类级别的智力是随机出现的还是进化的必然产物，迄今为止我们依然不确定。不过，这不是我要谈论的话题。假设地外物种的智力进化到至少与人类同等的水平，他或者她（区分外星人的性别让人头痛，假设他们有两种性别，甚至可以进行有性繁殖）驾驭着外表光亮的飞碟降落在白宫的草坪上。那么我们期待它们进化到哪一步呢？它们会走出、爬出航船，还是滑行出来，甚至像液体一样流出来？它们有可能是令我们大跌眼镜的绿色怪物吗？

我们有能力对地外生命做出合理自信的判断。几乎可以确信的是，它们是一种陆地动物。海洋生物所需的鳍（鱼类或海豚的鳍）不是特别灵巧，也不适合使用工具来制造工具或者改善环境。显然，假想像章鱼那样灵活的外星生物的存在将与上文的观点背道而驰，很难想象它们如何在水下使用明火，从矿脉中采掘矿石来冶炼金属，这些原料对人类技术的发展至关重要。

我们的天外来宾也许浑身都是绿色的。陆地生物一般都拥有这种颜色，主要是因为，绿色源自植物中的光合色素叶绿素，动物出于伪装需要着上这种颜色，这样有利于在植被中隐藏。一些研究人员认为，叶绿素分子非常普遍，遍布星系的生物可以利用它来吸收恒星的光芒。然而，光的波长依赖于发射光线的恒星有多热。因此，一颗温度比太阳低的恒星会发射出比可见光还多的红外光。因此，光合色素需要被调谐，从而吸收红矮星的光线，这样映入我们眼帘的地外生命可能不是绿色的了。因此，在寒冷母星庇护的行星上，地外生命可以将自己的外表伪装成与植被相近的颜色，这种颜色不可能是绿色的。它们的眼睛对低波长的光可能最为敏感，因此它们会以完全不同的方式感知周遭的世界，可能会将飞船漆成红外线的"颜色"。因此，如果走出飞碟的生物呈明亮的绿色，你可以将这归结为一个不太可能的巧合，或者得出它们的恒星与太阳非常相似的结论。

或者，地外生命的皮肤呈绿色不是为了伪装，而是因为它们靠叶绿素来提供营养。地球上的植物通过光合作用自给自足，而动物通过吃植物或者吃拥有能量的动物来间接获取能量。如果给定一个新的开始，是什么阻止了进化赋予蜥蜴类似太阳能电池板的绿色皮肤以在白天产生少许的能量？简单的答案是光合作用，即使假设动物永远不需要躲避它们的敌人，或者因为其他原因躲避在树荫下，光合作用也不会产生足够多的能量，以满足动物的需求。只有大约8%的光能照射在植物上被转化成糖类。对于与人类大小的动物的皮肤来说，这还不足以提供肌肉和脑供能的 10% 的能量。复杂动物不能通过光合作用维持生命，需要从含有现成营养的动植物上获取能量，而且需要氧气来进行呼吸作用，产生足够多的能量来满足细胞的高要求。

一些来自进化方面的合理原因表明，我们不应该期待地外访客拥有凸显的眼睛。视力拥有极其重要的感知能力，可以感知周边的环境，被认为是复杂的陆地生物所具有的普遍特征。不过，许多生物进化出来的视力非常差，它们也许能看清太阳的方向或者及时发现猛扑过来的捕食者，却不能提供良好的分辨率来推动高智慧的发展。据认为，昆虫的复眼可以观察到非常开阔的区域，并拥有相当清晰的视觉效果。但据计算，若想拥有与人类相同的视力，复眼的直径必须超过 1 米。因此，外星人很有可能像人类一样，透过摄影机似的眼睛注视着我们。

作为"怪物"的技术型外星人是什么样的呢？从能量限制的角度来说，任何高智慧的动物必须是或者至少部分是食肉动物。因为比较大的大脑（地外生命的大脑中集中了大量的神经细胞）所需的能量更高，需要食用其他动物才能获得。活跃的猎人同样会迫于进化压力来提高应变能力，以成功获得猎物。食草动物则需要花更多时间来悠闲地啃食植物。我们的地外访客不可能是领地意识很强的孤独猎人，它们必须是社会物种，与自己的同类和平群居，相互学习文化，交流信息和思想，积累知识，推动技术的进步。孤立的个体无法打造一艘飞船，必须借助不同成员齐心协力才能完成。另外，好战的物种可能在生命的火种在星系间传播之前早就灭亡了。

08 复杂地外生命畅想

在人类的发展征程上,太空飞行或者星际无线电通信技术的出现时间与 92 号元素铀的非凡性能的发现几乎在同一时间。在意识到铀元素可能会产生不可控制的核裂变之后,我们立即用它来制造武器去残杀自己的同胞。因此,好战、暴力的物种可能在星际旅行和造访地球之前由于太过于科技化,早就自取灭亡了。

走出飞船的地外物种不太可能是拥有双臂的直立双足动物,不太可能像我们想的那样拥有能被识别的面孔和颇受科幻作品青睐的服饰。不过,它们可能与我们有一些共同特征,比如拥有内脏、内部的血管循环系统,以及带有眼睛的头部。几乎可以肯定的是,它们是从分支祖先那里进化而来的,有着发达的肺,深深地呼吸着氧气,下一个到访的星际来客也是如此。

LIFE IN THE UNIVERSE
结语

寻找地外生命，我们才刚刚启程

到 1991 年为止，"旅行者 1 号"飞船在太阳系跋涉的路程超过了 64 亿千米。当时，美国国家航空航天局的科学家为它安排了最后一次摄影任务。当它渐渐接近太阳系的边缘时转过身来，回望了一眼遥远的故乡发出的微弱光芒，拍摄了一张太阳与其行星的全家福，如图 1 所示，在这么遥远的距离遥望地球，它在图像中勉强占一个像素点。地球只不过是茫茫漆黑太空中漂泊的一个"暗淡蓝点"，但这个孤独的光点就是我们所在的星球，拥有超过 60 亿的人口，数以万亿计的动物、植物、真菌和数目令人难以置信的原核生物，它们共同居住在同一块岩石上，生产、吞食、寄生、竞争却又相互依存，它们不可分割地联系在一起，形成极其复杂的生态系统。这个暗淡蓝点是我们的家园，也是目前整个宇宙已知存在生命的唯一绿洲。

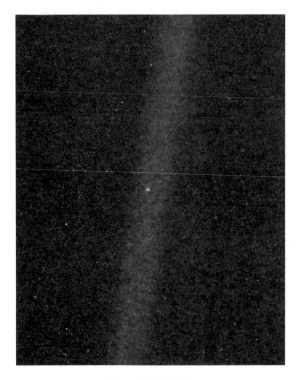

图1　太阳系全家福

在《人人都该懂的地外生命》这本书中，我们详细地考察了这个暗淡蓝点，在长达数十亿多年的历史长河中，生命历经形成、传播和发展。天体生物学的核心目标不仅是了解生命的起源和发展，还要弄清楚它们如何依赖地球的物理和化学环境而蓬勃发展，以及了解宇宙中邻居的面貌。生命确实存在于地球上，但它们是否也存在于类地行星，比如火星上？是否存在于银河系中围绕恒星运转的行星上，甚至与地球截然不同的环境中？天体生物学是一门非常年轻的科学，它不仅回答了本书提到的众多问题，而且发现了一大片处女地和未知领域，这些领域时而令人感到困惑，时而令人感到沮丧。不过，在未来的 20 年里，天体生物学一定会成为最激动人心的科研领域。

除了地球，太阳系其他地方肯定不存在复杂的动物或者植物。我们已经探讨了数个适合单细胞生物生存的栖息地，但它们都存在诸多局限。金星地表上没有生命的容身之地，只有狭窄的云层具有一定的适宜条件。木卫二虽然有一片充满水的海洋，但可能缺乏可靠的能量来源。土卫六虽然有足够的化学能量，但可能太寒冷。众多天体生物学家认为，最有希望存在生命的候选者是火星，但如果真是这样，生命只能在冰冷干燥的地表之下深处才能繁殖生长。天体生物学家将会在哪里发现地外生命真实存在的强有力证据呢？我坚信，在利用机器人探测器广泛探索太阳系中的火星或者木卫二地下可能的栖息地之前，系外行星探索项目会发现外星世界大气中的化学失衡现象。

生物学领域经久不衰的最大谜团是生命的起源问题，即它们是如何从普遍存在的简单有机物进化到复制聚合物和进行新陈代谢的。我们没有太多的线索去解答生命在何时何地诞生、如何进化，以及持续了多久的问题。限制生命生存的条件可能会排除生命生存于其他世界的可能性。实验室中进行的实验虽然有用，但只能提供可能的机制，而不是证明 40 亿年前的地球上确实存在生命进化的过程。即使我们在试管中从无到有地培育了生命，也依然无法知道生命诞生的确切情况。

最根本的问题是，生命是否存在于"这里、那里，或者任何地方"？或者说，离我们最近的邻居是否居住在遥远的星系中？一些研究人员认为，若给予适当的条件，生命的出现是必然的、可行的，它们会瞬间出现在我们的世界。这种观点的支持者还认为，生命会自发地从混沌系统中形成，自我装配，从简单走向复杂。不过，生命的出现不可能是一连串偶然事件串联的结果，而是有机化学自然发展的结果，就如同我先前描述的自动催化反应网络那般。

还有些人认为，生命突然出现的可能性被严重夸大了，生命的发展是极其不易的。我们只有地球生命这一种案例可供研究，因此很难预测其他生命出现的可能性。虽然地球是迄今为止我们发现的唯一一个栖息地，但考虑到可见宇宙令人难以置信的巨大规模，这种说法有点站不住脚，生命也存在于其他地方，只是我们目前无法到达这样的远方。图2很好地说明了适宜居住的星系的庞大数量。在太阳系的星际尘埃中发现的简单分子，即使在可见宇宙最遥远的星系中也能窥见它们的身影，因此这些星系中也可能存在构建生命的有机物质。

整个宇宙充满了生命，在寻找地外生命的征途上，我们才刚刚启程。

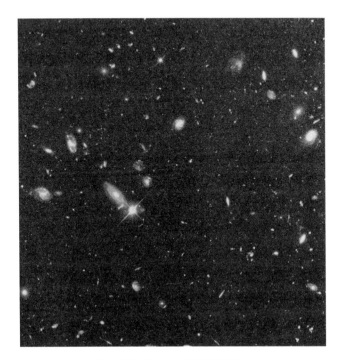

图 2 适宜生命存在的星系数量庞大

术语表

- **天文单位**（AU）：计量太阳系内天体之间距离的标准单位，一个天文单位为地球距离太阳的平均距离，约为 1.5 亿千米。

- **自养生物**（autotroph）：可以直接利用二氧化碳等无机分子，通过光合作用等合成复杂有机分子的生物。自养生物包括所有进行光合作用的植物、藻类和许多原核生物。

- **异养生物**（heterotroph）：不能自己合成复杂有机分子，而必须靠摄取其他有机物来维持生命的生物。异养生物包括所有的动物，以及许多其他真核生物与原核生物。

- **大撞击**（bombardment）：该事件出现在太阳系形成后不久，当时内行星受到很多影响。目前尚不清楚这是行星诞生后的一次衰落期，还是平静期后遭受猛烈轰击的时期。

- **化学合成作用**（chemosynthesis）：衍生代谢能量、通过无机物的氧化还原反应制造有机物的方式。

- **光合作用**（photosynthesis）：衍生代谢能量、利用光能制造有机物的方式。

- **真核生物**(eukaryote):细胞内含有细胞核的生物,包括所有的动物、植物、藻类、真菌和一些单细胞生物。

- **原核生物**(prokaryote):细胞核无核膜包裹或缺少细胞核的一类原始生物,包括古菌和所有的细菌。

- **极端微生物**(extremophile):可以在极端物理或化学环境中生存的微生物,大多数已知的极端微生物都是原核生物。

- **宜居带**(habitable zone):具备一定条件、适合生命存在的区域,包括恒星的宜居带、星系的宜居带。

- **离子**(ion):任何原子或者分子得到或者失去电子,致使其正负电荷数量不平衡时,就会形成携带负电荷或正电荷的离子。

- **光年**(light year):用于计量距离的天文学标准单位,指光在一年时间内传播的距离,约等于 9.5 万亿千米。

- **露卡**(LUCA):所有物种在分化之前的最后一个共同祖先,也被称为最近共同祖先,地球上所有生命后裔的细胞类型或者细胞机体都是从它繁衍来的。

- **M 型红矮星**(M-class dwarf):一种非常常见的小而冰冷的红矮恒星。

- **代谢**(metabolism):生物体维持生命而进行的生化反应的总称。

- **金属性**(metallicity):与化学中表示化学反应中金属元素的原子失去电子的能力不同,这里指物体中含有的比氢和氦重的化学元素(天文学家称这些化学元素为金属)的比例。

- **银河**(Milky Way):此处的银河是指银河系在地球上的投影。

- **有机物**（organic）：含碳化合物的总称，对生命至关重要，即便它并不一定是由生物制造的。

- **泛种论**（panspermia）：这种理论认为，生命可以借助陨石在行星与卫星之间传播、繁衍。

- **氧化还原反应**（redox）：同时包括还原（得到电子）和氧化（失去电子）两个反应的化学过程。

- **雪线**（snow line）：年轻恒星吸积盘内的一个边界，这里温度低到足以让挥发物凝结。越过这个边界，就无法形成类地行星，因此像水这种生命存在所必需的挥发性物质非常稀少。雪线之外的含冰行星胚胎可以形成气态巨行星。

- **类地行星**（terrestrial plant）：与地球或其他的岩质类地行星相仿的行星，包括太阳系内的其他内行星，比如水星、金星和火星。

- **紫外线**（UV）：电磁波谱中超出可见部分的一种高能量光线。

- **挥发性物质**（Volatiles）：组成大气和海洋的小而轻的分子，比如二氧化碳、氨和水，它们对构建生命所必需的有机分子来说非常重要。

未来，属于终身学习者

我这辈子遇到的聪明人（来自各行各业的聪明人）没有不每天阅读的——没有，一个都没有。巴菲特读书之多，我读书之多，可能会让你感到吃惊。孩子们都笑话我。他们觉得我是一本长了两条腿的书。

——查理·芒格

互联网改变了信息连接的方式；指数型技术在迅速颠覆着现有的商业世界；人工智能已经开始抢占人类的工作岗位……

未来，到底需要什么样的人才？

改变命运唯一的策略是你要变成终身学习者。未来世界将不再需要单一的技能型人才，而是需要具备完善的知识结构、极强逻辑思考力和高感知力的复合型人才。优秀的人往往通过阅读建立足够强大的抽象思维能力，获得异于众人的思考和整合能力。未来，将属于终身学习者！而阅读必定和终身学习形影不离。

很多人读书，追求的是干货，寻求的是立刻行之有效的解决方案。其实这是一种留在舒适区的阅读方法。在这个充满不确定性的年代，答案不会简单地出现在书里，因为生活根本就没有标准确切的答案，你也不能期望过去的经验解决未来的问题。

而真正的阅读，应该在书中与智者同行思考，借他们的视角看到世界的多元性，提出比答案更重要的好问题，在不确定的时代中领先起跑。

湛庐阅读App：与最聪明的人共同进化

有人常常把成本支出的焦点放在书价上，把读完一本书当作阅读的终结。其实不然。

时间是读者付出的最大阅读成本
怎么读是读者面临的最大阅读障碍
"读书破万卷"不仅仅在"万"，更重要的是在"破"！

现在，我们构建了全新的"湛庐阅读"App。它将成为你"破万卷"的新居所。在这里：
- 不用考虑读什么，你可以便捷找到纸书、电子书、有声书和各种声音产品；
- 你可以学会怎么读，你将发现集泛读、通读、精读于一体的阅读解决方案；
- 你会与作者、译者、专家、推荐人和阅读教练相遇，他们是优质思想的发源地；
- 你会与优秀的读者和终身学习者为伍，他们对阅读和学习有着持久的热情和源源不绝的内驱力。

从单一到复合，从知道到精通，从理解到创造，湛庐希望建立一个"与最聪明的人共同进化"的社区，成为人类先进思想交汇的聚集地，与你共同迎接未来。

与此同时，我们希望能够重新定义你的学习场景，让你随时随地收获有内容、有价值的思想，通过阅读实现终身学习。这是我们的使命和价值。

本书阅读资料包
给你便捷、高效、全面的阅读体验

本书参考资料　　　　　　　　　　　湛庐独家策划

- ☑ **参考文献**
  为了环保、节约纸张，部分图书的参考文献以电子版方式提供

- ☑ **主题书单**
  编辑精心推荐的延伸阅读书单，助你开启主题式阅读

- ☑ **图片资料**
  提供部分图片的高清彩色原版大图，方便保存和分享

相关阅读服务　　　　　　　　　　　终身学习者必备

- ☑ **电子书**
  便捷、高效，方便检索，易于携带，随时更新

- ☑ **有声书**
  保护视力，随时随地，有温度、有情感地听本书

- ☑ **精读班**
  2~4周，最懂这本书的人带你读完、读懂、读透这本好书

- ☑ **课　程**
  课程权威专家给你开书单，带你快速浏览一个领域的知识概貌

- ☑ **讲　书**
  30分钟，大咖给你讲本书，让你挑书不费劲

湛庐编辑为你独家呈现
助你更好获得书里和书外的思想和智慧，请扫码查收！

（阅读资料包的内容因书而异，最终以湛庐阅读App页面为准）

Life in the Universe: A Beginner's Guide by Lewis Dartnell

Copyright © Lewis Dartnell 2007

First published in the United Kingdom by Oneworld Publications

All rights reserved

本书由 Oneworld Publications 在英国首次出版。

本书中文简体字版由 Oneworld Publications 授权在中华人民共和国境内独家出版发行。未经出版者书面许可，不得以任何方式抄袭、复制和节录本书中的任何部分。

版权所有，侵权必究。

图书在版编目（CIP）数据

人人都该懂的地外生命 /（英）刘易斯·达特奈尔（Lewis Dartnell）著；郑永春，王乔琦译 . -- 杭州：浙江教育出版社, 2021.12（2023.12重印）
书名原文：Life in the Universe
ISBN 978-7-5722-2852-0

Ⅰ. ①人… Ⅱ. ①刘… ②郑… ③王… Ⅲ. ①地外生命－普及读物 Ⅳ. ① Q693-49

中国版本图书馆 CIP 数据核字（2021）第 259074 号

上架指导：科普 / 地外生命

版权所有，侵权必究
本书法律顾问　北京市盈科律师事务所　崔爽律师

浙江省版权局
著作权合同登记号
图字:11-2021-215号

人人都该懂的地外生命
RENREN DOUGAIDONG DE DIWAI SHENGMING
［英］刘易斯·达特奈尔（Lewis Dartnell） 著
郑永春　王乔琦　译

责任编辑：	高露露
美术编辑：	韩　波
封面设计：	湛庐文化
责任校对：	王晨儿
责任印务：	沈久凌
出版发行：	浙江教育出版社（杭州市天目山路40号）
印　　刷：	天津中印联印务有限公司
开　　本：	880mm ×1230mm 1/32
插　　页：	1
印　　张：	7.75
字　　数：	180 千字
版　　次：	2021 年 12 月第 1 版
印　　次：	2023 年 12 月第 2 次印刷
书　　号：	ISBN 978-7-5722-2852-0
定　　价：	69.90 元

如发现印装质量问题，影响阅读，请致电 010-56676359 联系调换。